AI通识

人工智能一本通

江发伟 魏 勇 赵世纯 ◎ 著

上海财经大学出版社

图书在版编目(CIP)数据

AI 通识:人工智能一本通 / 江发伟, 魏勇, 赵世纯著. -- 上海:上海财经大学出版社, 2025.8. -- ISBN 978-7-5642-4719-5

Ⅰ.TP18

中国国家版本馆 CIP 数据核字第 2025T7T723 号

□ 策划编辑　王永长
□ 责任编辑　杨　闯
□ 封面设计　贺加贝

AI 通识:人工智能一本通

江发伟　魏　勇　赵世纯　著

上海财经大学出版社出版发行
(上海市中山北一路 369 号　邮编 200083)
网　　址:http://www.sufep.com
电子邮箱:webmaster @ sufep.com
全国新华书店经销
上海颛辉印刷厂有限公司印刷装订
2025 年 8 月第 1 版　2025 年 8 月第 1 次印刷

890mm×1240mm　1/32　9 印张(插页:3)　199 千字
定价:89.00 元

序

  在 2025 年的时钟前，人工智能早已不是实验室里的理论推演，而是渗透进城市与社会肌理的现实存在。这些年，曾眼见凌晨 3 点的医院里，AI 辅助诊断系统为急诊医生争取到黄金救治时间；又看过智能车间里，算法调度的机械臂让生产误差缩小到微米级；也亲历过社区服务中心，老人对着智能终端说出需求时，眼里闪过的惊喜与安心。技术的迭代从来不是孤立的飞跃，而是无数个这样的瞬间累积起来的质变——当人工智能开始像水和电一样成为基础供给，我们面对的已不仅是技术问题，更是如何与之共处的时代命题。

  在行业里浸泡得越久，越能体会到人工智能的复杂性。它像一面多棱镜，折射出技术突破的光芒，也映照出发展中的迷雾。有人惊叹于大模型的生成能力，却忽略了数据标注背后的人工支撑；有人热衷于讨论"通用人工智能"的可能性，却对算法偏见带来的社会影响视而不见。这让我愈发觉得，行业的成熟不仅需要技术的精进，更需要建立在共识之上的理性认知。技术的边界在哪里？创新的伦理底线是什么？普通人该如何理解那些听起来高深的概念？这些问题不是靠实验室里的论文能解答的，更需要有人站在更宏观的视角，做一次系统的梳理与解读。

《AI通识:人工智能一本通》的出版,恰好触碰到了这个需求。它没有用炫目的术语包装自己,而是选择从技术演进的脉络切入,把人工智能的发展放在工业革命以来的技术史中去审视。这种视角很有意思——当我们看到早期专家系统与当下大模型之间的传承与突破,就能明白技术进步从来不是一蹴而就的神话;当我们追踪算法如何从实验室走向产业落地,自然会理解为什么有些技术看似美好却难以普及。

在我看来,真正有价值的行业观察,既要看到技术的"能",也要说清它的"不能"。人工智能确实在重塑产业形态,如金融领域的智能风控让信贷效率提升数倍,但它无法替代信贷员对中小企业经营状况的实地感知;教育场景里的个性化学习系统能精准定位知识盲区,却不能取代师生间的情感共鸣。这些边界感的厘清,比单纯罗列技术成就更有意义——它让我们明白,技术终究是工具,而人的判断与温度,才是决定其价值的核心。

这些年,行业里总有人问,人工智能的下一个爆发点在哪里?其实答案就藏在那些尚未被技术充分覆盖的场景里:偏远地区的医疗资源均衡、传统制造业的智能化转型、银发群体的数字生活适配……技术的价值从来不是颠覆,而是填补空白、放大善意。当我们谈论人工智能时,不应只盯着实验室里的最前沿,更要关注那些能让普通人生活发生微小改善的应用——这些"微小"的累积,恰恰是行业前行的底气。

人工智能的发展,本质上是一场关于"连接"的革命:连接技术与产业,连接创新与需求,连接专业领域与大众认知。太多时候,行业内的讨论陷入自说自话的怪圈,用技术语言构筑起无形的壁垒,这反而让真正需要了解它的人望而却步。能把复杂的逻辑讲得清楚,把专业的知识铺得平实,本身就是一种能力。

未来几年,人工智能会进入更深度的融合期。它不会独立于社会存在,而是会嵌入城市治理、产业升级、日常生活的每一个环节,成为一种"隐形基础设施"。这意味着每个人都需要具备基本的"AI 素养"——不是要学会写代码,而是要理解它的运行逻辑,判断它的适用场景,甚至预见它可能带来的变化。这种素养的提升,需要合适的载体来完成。

或许,这本书能成为一个不错的起点。它提供了一种思考框架——让我们在追逐技术热点的时候,不忘回头看看来时的路;在畅想未来可能性的时候,也能脚踏实地关注当下的问题。毕竟,人工智能的终极意义,从来不是超越人类,而是让这个世界变得更值得栖居。

陈瀚波

上海市人工智能技术协会常务副会长

2025 年 7 月 16 日

前 言

当指尖划过书页的瞬间,你与我们便在信息的洪流中结下了奇妙的缘份。我们想说,朋友请放心,这绝非一本晦涩难懂的技术手册,而是一把通向 AI 世界的秘钥,我们用最生动的语言,将复杂的技术密码转译成人人都能读懂的知识篇章。

近年来,AI 热潮如野火燎原:从 ChatGPT 掀起的全球对话革命,到 AI 绘画让艺术创作触手可及,从自动驾驶改写出行规则,再到 2025 年春节 DeepSeek 以黑马之姿火遍全网,这项技术早已从实验室走进大众视野。然而,当我们翻开市面上的 AI 读物,却发现内容常常陷入两极困境:要么是满篇公式与术语,如同紧锁的密码本;要么是浮于表面概念,读完仍让人雾里看花。作为深耕科技领域多年的从业者,我们深感疑惑——难道普通人与 AI 之间,注定隔着难以跨越的鸿沟?

于是,我们怀着"让 AI 知识不再高冷"的初心,耗时半年,查阅大量文献、拆解前沿技术、走访行业专家,将艰深的算法原理化作生活中的趣味比喻,把复杂的产业脉络梳理成清晰的知识图谱。这就是《AI 通识:人工智能一本通》。在分工上,江发伟负责第 1 章、第 2 章、第 3 章、第 4 章和第 9 章的撰写以及整合统稿,魏勇负责第 7 章、第 8 章、第 10 章和第 12 章的撰写，赵世纯负责第 5 章、第 6 章和第 11 章的撰写。

这不仅是一本 AI 知识读本，更是一幅 AI 世界的全景地图：从图灵测试的哲学思辨，到深度学习的技术突破；从医疗影像诊断的精准赋能，到金融市场的智能决策；从中国产业政策驱动的创新实践，到美国科技巨头的战略布局；从资本市场的押注到未来职场的革新。我们力求用最通俗的语言，带您看懂 AI 如何从理论走向现实，又将如何重塑我们的未来。

人工智能绝非转瞬即逝的浪潮，而是正在深刻改变人类文明进程的磅礴力量。未来 5 年，将是 AI 技术全面爆发的关键时期。我们期待本书能成为您投身这场变革的入场券，助您在智能时代的浪潮中不仅仅做一名旁观者，更成为引领潮流的弄潮儿。

让我们携手共同探索 AI 世界的无限可能！

作者

2025 年 6 月 1 日　于上海

目 录

第一章 初识人工智能 / 001
从科幻到现实：生活中的 AI / 001

多维度解读 AI / 004

AI 三要素：AI 的"大脑"如何运转 / 005

AI 如何分类 / 008

AI 的三大流派 / 014

全球知名 AI 速览 / 016

第二章 人工智能：起源与发展 / 020
诞生与发展(1950—1960 年)：图灵与早期理论 / 020

第一次辉煌(1960—1970 年)：专家系统闪耀登场 / 022

寒冬与挫折(1970—1980 年)：发展遇阻的艰难岁月 / 023

复苏的曙光(1980—2000 年)：机器学习的崛起 / 025

快速发展(2000—2020 年)：大数据与深度学习的革命 / 027

通用 AI 探索(2020 年至今)：千模大战与 AGI 萌芽 / 029

第三章　人工智能：核心技术 / 033

机器学习：AI 的基石 / 034

深度学习：神经网络的力量 / 039

自然语言处理：让机器理解人类语言 / 042

计算机视觉：让机器"看见"世界 / 045

强化学习：从 AlphaGo 到自动驾驶 / 047

第四章　人工智能：产业链全景图 / 052

人工智能产业链 / 053

上游：数据供应和算力支撑 / 054

中游：算法研究和 AI 软件开发 / 062

下游：应用场景概述 / 065

第五章　人工智能：赋能行业变革与创新 / 070

医疗健康：精准诊断、药物研发与个性化医疗的突破 / 070

金融科技：智能客服、风险评估与量化投资的跃升 / 076

智慧教育：个性化学习、智能辅导与教育评估的革新 / 080

智能制造：智能生产、供应链管理与质量检测的转型 / 083

智能交通：智能驾驶、智能交通管理与智慧物流 / 087

数字政务：智慧政务服务、智慧城市管理与智能应急管理 / 092

第六章　双雄逐鹿：中美人工智能发展全景透视 / 098

中国之路：政策驱动与应用创新双轮并进 / 098

美国模式:科技引领与生态构建协同发力 / 104

多维对比:中美人工智能发展路径差异剖析 / 111

第七章 商界领袖:AI 发展的未来图景 / 117

中国商界领袖 / 118

美国商界领袖 / 136

第八章 科技巨头:AI 战略性布局与实践 / 153

中国科技企业 / 153

美国科技企业 / 169

第九章 资本市场:AI 投资的决策与动向 / 187

全球 AI 投资概况 / 187

资本重点关注的细分领域 / 191

重点投资案例分享 / 198

第十章 AI 赋能:我们如何拥抱未来 / 205

职业规划:高危岗位和抗 AI 岗位 / 205

快速学习:常用 AI 赋能工具 / 216

心态调适:积极拥抱 AI 时代变革 / 218

第十一章 人工智能:伦理与挑战 / 224

数据隐私:AI 时代的个人信息保护 / 224

算法偏见：AI 如何避免歧视与不公 / 228

责任归属：谁为 AI 的错误买单 / 232

第十二章　人工智能：展望与思考 / 238

强人工智能：AI 能否超越人类？/ 239

人机协作：AI 与人类的共生关系 / 243

量子计算：AI 的下一个飞跃 / 249

脑机接口：拓宽 AI 的交互边界 / 256

AI 智能体：构建自主行动的智能单元 /

附录　中国 AI 产业链 100 家重点企业名单 / 271

后记 / 277

第一章

初识人工智能

当智能语音助手秒懂你的需求,当购物 App 精准推荐心仪好物,当自动驾驶汽车穿梭于城市街道,人工智能早已走出科幻电影的想象,悄然重塑我们的生活图景。从医疗诊断到金融投资,从艺术创作到工业制造,这项前沿技术正以前所未有的速度渗透各个领域。

但 AI 究竟是什么?它如何运转?又将走向何方?我们将从生活中的 AI 现象切入,通过解读核心概念、剖析技术要素、梳理分类体系与发展流派,带您揭开人工智能的神秘面纱,开启探索智能时代的第一站。

从科幻到现实:生活中的 AI

我们在观看科幻电影的时候,是不是经常被科幻电影中的人工智能所震撼到？它们不仅能和人畅快地聊天，还能解决很多棘手的问题，甚至像人一样拥有自己的思想与情感，如《人工智能》中的小男孩大卫，对爱十分执着；《西部世界》中的机器人接待员，逐渐觉醒，开始思考"我是谁""我从哪里来"等问题。

人工智能早已不是科幻作品里的专属，它早已悄无声息地融入了我们的日常生活。每天清晨一睁眼，你对着手机说句"来首喜欢的歌"，Siri、小爱同学或者小艺瞬间就能领会你的意思，美妙的音乐随即流淌而出。全球使用语音助手的人数多得惊人，超过20亿，而且这些语音助手的识别准确率平均高达95%以上。

网购时，每次打开淘宝、京东，页面上推荐的商品，好多都是你日常关注或可能感兴趣的。抖音、B站也一样，刷着刷着就会发现，推送的视频怎么如此契合自己的喜好。原来，这背后都是智能推荐系统在发挥作用。它通过分析你的浏览记录、购买行为以及观看偏好，把你拿捏得稳稳的。就拿亚马逊来说，单单依靠这个推荐系统，销售额就飙升了35%。

AI同样无处不在。在家中，智能摄像头宛如一位尽责的小卫士，能够精准分辨家人和陌生人，一旦察觉到异常情况，立刻就会给你发送警报。智能音箱更是"全能小能手"，既能播放音乐、查询资料，还能借助物联网控制家里的灯光、窗帘、空调，只需一声令下，家中设备便会听从指挥。在不少高端住宅里，超过30%已采用类似的智能家居系统。

智能导航堪称"救星"。出行时，它能实时关注路况，帮你规划出一条畅通无阻的路线，节省大量时间。一些城市还在试点智能交通信号灯。它可以根据车流量的变化,自动调整信号灯时长,道路通行效率瞬间大幅提升。谷歌旗下的 Waymo 公司在自动驾驶领域一马当先。公司研发的自动驾驶汽车已经在多地进行路测,说不定要不了多久,咱们出门就能乘坐自动驾驶汽车啦。

AI 的作用同样不容小觑。在医疗领域,AI 医学影像诊断系统相当强大,能够快速分析 X 光、CT、MRI 等影像,辅助医生更精准地检测疾病。医疗机器人,能够协助医生进行手术,降低手术风险,让手术操作更加精准。

AI 为我们的生活带来了诸多便利,不过与影视中的 AI 相比,仍存在不小差距。影视中的 AI 更强大(见表 1.1),但也更具危险性。尽管是虚构的,可它对现实中 AI 的发展依然有着诸多启发。

表 1.1　　　　　　　影视 AI 和现实 AI 的对比

对比维度	影视中的 AI	现实中的 AI
智能水平	通常具备人类或超人类智能,能理解复杂情感、处理全面且复杂的问题	多为狭义 AI,擅长特定任务(如识别、翻译),缺乏通用智能
自主意识	常被描绘为有自我意识、情感和欲望(如《银翼杀手》)	无自我意识,仅基于数据和算法做出反应
外观与交互	拟人化形象(如人形机器人或全息投影),自然语言对话流畅	多为软件或非人形实体,交互依赖界面(如语音助手、工业机器人)
学习能力	瞬间学习或通过"上传知识"掌握技能(如《黑客帝国》)	依赖大量数据和训练,需持续优化模型(如深度学习)
道德与威胁	常涉及反叛、控制人类或伦理困境(如《终结者》《西部世界》)	受开发者控制,伦理问题集中在偏见、隐私和滥用风险等方面
应用场景	全能助手、战争机器、社会管理者等全面性场景	应用于医疗、金融、自动驾驶等特定领域

多维度解读 AI

人工智能（Artificial Intelligence，简称 AI），通俗地讲，就是把机器（或软件）训练得像人一样聪明，像人一样思考和解决问题，当然它的未来可能会超过人类。它是一个充满活力且不断发展的领域，其定义也在随着技术的演进不断丰富和完善。从多个维度来解读 AI，能让我们更全面深入地理解这一概念。

从功能角度来看，AI 旨在让计算机系统具备执行通常需要人类智能才能完成任务的能力。这些任务涵盖了视觉识别、语言理解、决策制定、学习能力等多个方面。例如，人脸识别系统能够快速准确地识别出不同人的面部特征，这一过程涉及复杂的视觉信息处理和模式识别，而计算机通过这些 AI 技术实现了类似人类的视觉认知功能。

从技术实现角度而言，AI 是多种技术的集合体。机器学习作为 AI 的核心技术之一，让计算机通过数据学习模式并做出预测。比如，在垃圾邮件分类任务中，机器学习算法可以对大量邮件进行学习，分析邮件的文本特征、发件人信息等，从而建立起一个分类模型，能够准确地将新邮件划分为垃圾邮件或正常邮件。

从学科领域的角度定义，AI 是计算机科学、数学、统计学、神经科学等多学科交叉融合的产物。计算机科学为 AI 提供了现实的技术基础和平台，数学和统计学为 AI 算法提供了理论支持，神经科学则为模拟人类大脑的智能机制提供了启示。例如，人工神经网络的构建就借鉴了神经科学中对人类大脑神经元结构和工作方式的研究成果,通过模拟神经元之间的连接和信号传递来实现信息处理和学习。

虽然目前还没有一个能被所有人完全接受的 AI 定义,但通过从功能、技术实现、学科领域以及智能程度等多个维度的解读,我们能够对 AI 有一个较为全面和深入的理解,为进一步探索 AI 的奥秘奠定基础。

AI 三要素:AI 的"大脑"如何运转

其实在对 AI 的理解中,还有一个从数学角度对 AI 的理解。我们知道世界的万事万物都可以用数学来表达,而 AI 训练就是从已有的数据中,发现规律,再反向应用到现实中的过程。这里面的规律从数学的角度来说就是函数,所以 AI 训练,本质上就是解函数。

要想函数解得好,充足的数据、强大的算力和巧妙的算法都显得尤为重要。这三者就是 AI 的三要素,有了它们,AI 的大脑才能快速运转起来。

数据:AI 的"燃料"

数据是 AI 发展的基础,如同汽车行驶需要汽油一样,AI 系统需要大量的数据来进行学习和训练。在当今数字化时代,数据无处不在,涵盖了文本、图像、音频、视频等各种形式。无论是社交网络上的用户动态、电商平台上的交易记录,还是医疗领域的病历数据、交通领域的路况信息,都为 AI 的发展提供了丰富的资源。

以图像识别为例,为了训练一个能够准确识别不同动物的 AI 模型,需要收集大量包含各种动物的图像数据。这些图像数据要尽可能覆盖不同动物的各种姿态、角度、环境等情况,以确保模型能够学习到全面准确的特征。据统计,在训练一个高精度的图像识别模型时,可能需要数百万甚至数千万张图像数据。在自然语言处理领域,为了训练一个优秀的语言模型,需要收集海量的文本数据,包括书籍、新闻、论文、社交媒体内容等。例如,OpenAI 训练 GPT-3 模型时,使用了超过 45TB 的文本数据。

数据不仅要量大,还要具备高质量。高质量的数据意味着数据的准确性、完整性和一致性。如果数据存在错误标注、缺失值或不一致的情况,会严重影响 AI 模型的训练效果。比如,在一个用于医疗诊断的 AI 模型中,如果训练数据中的疾病诊断存在错误标注,那么模型在实际应用中就可能给出错误的诊断结果,就有可能造成严重后果。因此,在数据收集后,往往需要进行数据清洗、标注等预处理工作,以确保数据的质量。

算力:AI 的"引擎"

算力是指计算机系统执行计算任务的能力,它是 AI 发展的重要支撑。AI 算法在处理大量数据时,需要进行复杂的数学运算,这对计算机的计算能力提出了很高的要求。强大的算力能够加速 AI 模型的训练过程,缩短训练时间,提高模型的性能。

早期的 AI 研究受限于算力不足,发展较为缓慢。计算机硬件技术的不断进步，特别是图形处理器（GPU）的出现，为AI带来了强大的算力支持。GPU最初主要用于图形渲染，但由于其具有强大的并行计算能力，非常适合处理AI算法中的大规模矩阵运算。与传统的中央处理器（CPU）相比，GPU在某些AI计算任务上的速度可以提升数百倍甚至数千倍。例如，在训练深度学习模型时，使用GPU可以将训练时间从数周缩短至几天甚至更短。

除了GPU，还有一些专门为AI设计的芯片，如张量处理器（TPU）等。这些芯片针对AI算法的特点进行了优化，能够进一步提高计算效率，降低能耗。例如，谷歌的TPU在执行特定的AI计算任务时，性能比GPU还要高出数倍。此外，云计算技术的发展也为AI提供了便捷的算力服务，用户无需购买昂贵的硬件设备，只需通过云平台就能获得强大的计算资源，从而大大降低了AI应用的门槛。

目前美国因为有较强的专用芯片公司比如英伟达等，AI的发展方向更偏向于通过部署大量算力芯片，达到"大力出奇迹"的效果。

算法：AI的"灵魂"

算法是AI的核心，它决定了AI系统如何对数据进行处理和学习，以实现特定的目标。AI算法种类繁多，不同的算法适用于不同的任务和场景。目前的主流算法包括机器学习算法、深度学习算法和强化学习算法。

中国由于遭受美国算力芯片禁售，目前一方面在努力提高算力芯片的性能，比如华为昇腾算力芯片的研制；另一方面在算法中进行工程化优化，比如Deepseek V3模型和Deepseek R1模型。

三要素的关系

数据、算力和算法这三大要素相互依存、相互促进。大量高质量的数据为算法提供了丰富的学习素材,强大的算力加速了算法对数据的处理和模型的训练,而优秀的算法则能够充分挖掘数据的价值,实现 AI 的各种功能。只有这三要素协同发展,才能推动 AI 技术不断进步,实现更广泛的应用。

AI 如何分类

按智能水平分类

AI 按智能水平进行的分类可以参见表 1.2。

表 1.2　　　　　　　按智能水平对人工智能分类

类别	描　述	示　例
狭义人工智能（ANI）	仅能执行特定任务,无跨领域泛化能力。依赖大量标注数据和固定规则	语音识别（如 Siri 的语音转文本） 图像分类（如 Google Photos 的物体识别） 推荐系统（如 Netflix 的个性化推荐）
通用人工智能（AGI）	具备人类水平的理解、学习和推理能力,可自主适应新场景	研究项目:OpenAI 的 GPT 系列尝试向 AGI 靠拢,但尚未突破
超人工智能（ASI）	在创造力、社交、科学等所有领域超越人类,可能具备自我意识	科幻案例:《机械姬》中的 Ava

弱人工智能（Narrow AI）

它又叫狭义人工智能（Weak AI），只能专注于特定领域的单一任务，像语音识别、图像识别、下棋、推荐系统等。它们在专长领域智能水平高，但缺乏通用性与灵活性。比如，语音识别系统只能处理语音，对图像、文本等数据难以处理；图像识别系统能识别图片物体，却无法进行自然语言对话。目前，生活中的 AI 应用多属此类，它们在众多领域发挥了重要作用。

强人工智能（General AI）

它又叫通用人工智能（Strong AI），具备人类般广泛的认知和思维能力，能应对各类任务与情境，就像人类医生诊断疾病、工程师设计建筑一样。然而，目前它仍处于理论探索阶段。实现人工智能，需深入理解和模拟人类认知思维过程，攻克知识获取与整合等技术难题。

超人工智能（Superintelligent AI）

这是一种设想中的人工智能状态，其智能水平远超人类，能在几乎所有领域高效思考、决策，甚至可能拥有自我意识。科幻作品常将其描绘为改变世界的力量。但从现实来看，实现超级智能，需在基础科学、计算机技术和伦理道德等多个方面取得重大突破，距离我们还很遥远。

按功能类型分

如果 AI 按功能类型分，可以参见表 1.3。

表 1.3　　　　　　　　按功能类型对人工智能进行分类

类别	描述	示例
感知型 AI	模拟人类感官输入处理,需传感器和信号处理技术支持	计算机视觉:特斯拉的 Autopilot 识别行人 语音处理:Amazon Alexa 的唤醒词检测 多模态感知:医疗 AI 结合 CT 影像和病历文本诊断
决策型 AI	通过数据建模支持复杂决策,常涉及概率统计和优化算法	金融预测:高频交易算法分析市场微观结构 医疗诊断:IBM Watson 的癌症治疗方案推荐 资源调度:UPS 的物流路径优化系统
生成型 AI	基于深度学习生成新内容,需对抗网络(GAN)或扩散模型	文本生成:GPT-4 撰写新闻稿 图像生成:Stable Diffusion 创作插画 代码生成:GitHub Copilot 自动补全代码
交互型 AI	实现自然的人机互动,依赖自然语言处理(NLP)和情感计算	社交机器人:SoftBank 的 Pepper 进行情绪识别 虚拟助手:微软小冰的上下文对话 教育 AI:Duolingo 的个性化语言陪练

感知型 AI

主要侧重于对外部世界的感知和理解,通过各种传感器(如摄像头、麦克风等)获取数据,并运用机器学习和计算机视觉等技术对这些数据进行分析和处理,以识别图像、语音、文字等信息,从而让计算机能够"感知"周围的环境。比如,在安防监控领域,可通过摄像头识别异常行为和面部特征,实现安防预警和身份识别;在医疗影像分析中,能对 X 光、CT 等影像进行分析,辅助医生检测疾病和识别病变特征。

决策型 AI

它能基于所学到的知识和模型对给定的问题或情境进行分析、推理,并做出决策或预测。它通常会考虑多种因素和可能性,运用算法和策略来优化决策过程,以达到特定的目标。比如,在金融领域,用于风险评估和投资决策,通过分析大量的金融数据和市场信息,预测市场趋势,帮助投资者做出合理的投资选择;在智能交通系统中,根据交通流量数据和路况信息,决策交通信号灯的时长,优化交通流量。

生成型 AI

它能够根据给定的条件或输入生成新的内容,如文本、图像、音频、视频等。它基于深度学习模型,通过学习大量的现有数据来掌握数据的分布规律和特征,进而生成具有相似特征和语义的新数据。这是目前最火的一类 AI。比如,在创意设计领域,能生成独特的艺术作品、广告文案、音乐旋律等,为创意工作提供灵感和辅助;在自然语言处理中,可用于自动文本生成,如新闻报道、故事创作、机器翻译等。

交互型 AI

它强调与用户或其他系统进行交互和沟通,能够理解用户的输入(如语音、文字、手势等),并根据理解生成相应的输出,以实现人机交互或系统间的交互协作。交互型 AI 通常需要具备自然语言处理、对话管理、语音合成等技术,以提供流畅、自然的交互体验。比如,常见的语音助手,如 Siri、小爱同学等,能与用户进行语音对话,并回答问题、执行任务;在智能客服领域,通过与客户的文字或语音交互,解决客户咨询和问题,并提供个性化服务。

按应用场景分

AI按照应用场景进行的分类可以参见表1.4。

表1.4　　　　　　　　按应用场景对人工智能分类

领域	应用场景	代表技术/产品
医疗	提升诊断精度和药物研发效率	影像分析:腾讯觅影的肺结节检测 药物发现:DeepMind的AlphaFold预测蛋白质结构 手术机器人:达·芬奇Xi系统的精准操作
金融	处理高频、高维金融数据,降低风险	反欺诈:PayPal的实时交易监控系统 智能投顾:Betterment的资产配置算法 信用评估:蚂蚁金服的芝麻信用分
制造	实现柔性生产和预测性维护	质检:特斯拉工厂的视觉缺陷检测 供应链优化:西门子的数字孪生库存管理 协作机器人:UR10与工人共同组装产品
娱乐	个性化内容生成与推荐	游戏NPC:英伟达的AI角色自然对话 影视制作:迪士尼的AI剧本评估系统 音乐创作:AIVA生成交响乐

根据AI在医疗、金融、制造业、娱乐等行业的应用,又分为医疗AI、金融AI、制造AI、娱乐AI等。

按部署方式分

AI按部署方式的分类可以参见表1.5。

表1.5　　　　　　　　按部署方式对人工智能分类

类别	描述	示例
云端AI	利用云计算资源处理大规模计算任务	API调用:Google Vision的图片标签接口 训练平台:AWS SageMaker模型开发

续表

类别	描述	示例
边缘 AI	在终端设备实时处理,减少延迟和隐私风险	智能手机:iPhone 的 Face ID 本地运算 物联网设备:Nest 恒温器的行为学习 自动驾驶:特斯拉的 FSD 芯片实时决策
混合 AI	关键计算在边缘端,复杂任务到云端	智能家居:Amazon Echo 的语音指令本地处理,复杂查询上传 工业 AR:HoloLens 2 的设备维修指导

云端 AI

把 AI 的训练和运算放在云端服务器上。云端服务器计算和存储能力超强,能处理海量数据、运行复杂算法。它适合对实时性要求不高,却需处理大量数据的任务,像互联网公司处理海量用户数据,训练智能推荐、内容审核模型。

边缘 AI

将 AI 功能部署在靠近数据源头或用户的边缘设备上,如手机、家用智能设备等。设备直接分析处理数据,不用全传到云端,既节省传输时间,又能保护数据隐私。像自动驾驶汽车靠车上 AI 芯片,快速处理传感器数据并做出决策;智能安防摄像头在本地识别异常,有问题才上传数据。

混合 AI

结合了云端 AI 和边缘 AI 的长处。训练复杂模型靠云端强大的计算力,实时性要求高的简单运算,就由边缘设备负责。以智能工厂为例,用云端分析设备历史数据训练故障预测模型,边缘设备实时采集数据、用模型推理。碰到复杂问题,再上传到云端处理,兼顾效率与成本。

AI 的三大流派

AI 的发展跟绘画艺术一样,也产生了各种流派。不同的流派有不同的思想方法,都为 AI 的发展做出了巨大的贡献。

AI 三大流派分别是符号主义、连接主义和行为主义。

符号主义

它认为人类的智能主要来自对符号的逻辑推理,就像我们人类在思考问题时,会用语言、概念等符号来进行推理和判断。例如,当我们知道"所有的鸟都会飞""麻雀是鸟",就能推理出"麻雀会飞"。例如,给计算机输入各种语法规则、数学定理、常识等知识,让它根据这些规则来解决问题,就好像计算机的大脑里有一个庞大的知识数据库和一套推理规则,遇到问题时就从数据库里找知识,用规则来推理出答案。

连接主义

模拟人类大脑神经元之间的信息传递和处理方式。大脑是由大量的神经元相互连接组成的,信息在神经元之间传递、处理,从而产生智能。连接主义认为,通过构建类似大脑神经元网络的模型,让计算机能够类似大脑一样学习和处理信息。例如,给神经网络输入大量的图片,让它学习识别图片中的物体,经过不断训练,它就能准确地识别出不同的物体。

行为主义

它强调智能是在与环境的交互中表现出来的行为能力,就像动物通过与环境的互动来适应环境、学习生存技能一样,AI 也应该通过在环境中不断地尝试、行动,根据环境的反馈来学习和改进行为,从而实现智能。例如,机器人在一个未知的环境中探索,当它找到目标物体时得到奖励,当它撞到障碍物时遭受惩罚,通过不断地尝试,它就能学会如何在环境中更好地行动以达到目标。

如果给以上三个流派打个比方,符号主义像一本严格的数学教科书,按公式一步步计算,但遇到没见过的题就懵了;连接主义像小孩通过看无数张猫狗图片学会区分,但说不清具体怎么学会的;行为主义像训练小狗,做对了给零食,做错了不理它,最终学会技能,但可能钻空子。

三大流派的对比,可以参见表 1.6。

表 1.6　　　　　　　　三大流派对比

流派	核心方法	优点	缺点	典型应用
符号主义	逻辑推理、规则系统	可解释性强,适合结构化问题	无法处理模糊信息,依赖人工规则	专家系统、知识图谱
连接主义	神经网络、深度学习	擅长图像、语音等复杂数据	需要大量数据,黑箱难以解释	ChatGPT、人脸识别
行为主义	强化学习(试错+奖惩)	适应动态环境,自主优化行为	训练不稳定,可能学歪	AlphaGo、自动驾驶

全球知名 AI 速览

表 1.7 是全球比较知名的 AI 大模型的总结对比。

表 1.7　　　　　　　　全球知名 AI 对比

AI 模型	开发公司	核心技术优势	主要应用领域	关键亮点
GPT-4	OpenAI	多模态交互（文本/图像/语音）	创意设计、实时客服	支持情绪感知与实时语音对话,吉卜力风格图像生成
LLaMA 3	Meta	轻量级开源架构	学术研究、开发者生态	开源社区广泛应用,模型尺寸灵活
Claude 3	Anthropic	超长文本处理与 AI 伦理对齐	法律、医疗文档分析	减少幻觉,支持百万级上下文窗口
Gemini 1.5	Google	多模态协同与超长上下文支持	广告生成、跨媒体分析	百万级 Token 处理能力
文心一言 4.0	百度	中文优化与自动驾驶融合	智能交通、本地化服务	集成 Apollo 平台,中文语境处理优势
讯飞星火 4.0	科大讯飞	语音交互、数学推理、医疗大模型	教育、医疗、司法	数学能力超越 GPT-4
通义千问 2.5	阿里巴巴	多模态理解、代码生成、开源模型	电商、金融、办公	开源模型数量全球第一,数学评测表现优异
DeepSeek R1	深度求索	代码生成与数学推理	编程辅助、学术研究	性能好,成本低

ChatGPT 是由 OpenAI 开发，基于 GPT 系列模型，能以自然对话方式与用户交互，完成文本生成、翻译、问答等任务，广泛应用于多个领域。

LLaMA 由 Meta 推出，经大规模训练，语言理解与生成能力强，开源和可扩展性为研究及开发提供便利，推动人工智能领域发展。

Claude 是 Anthropic 的产品，具备高级推理、代码生成等能力，支持多语言和多模态处理，可理解自然语言并执行多种任务，在多个领域表现出色。

Gemini 由谷歌研发，是首个在 MMLU 测试超越人类专家的模型，能同时识别文本、图像等五类信息，有复杂多模态推理能力，涵盖 Ultra、Pro 和 Nano 三种规格，适用于不同设备和场景。

以上是美国公司推出的大模型的介绍，下面我们看看中国的大模型公司。

通义千问是阿里巴巴的产品，能与人类多轮交互，具备多轮对话、文案创作、逻辑推理等功能，是首批通过相关评测的国产大模型之一，在中文语境表现良好。

文心一言由百度开发，具备跨模态、跨语言深度语义理解与生成能力，在文学创作、商业文案等方面优势明显，与百度其他产品服务结合，提供全面智能体验。

讯飞星火由科大讯飞研发，具有跨领域知识和语言理解能力，基于自然对话理解执行任务，涵盖语言理解、文本生成等多种功能，语音交互表现出色。

DeepSeek 是 2025 年最火的一个大模型。由幻方量化创立的杭州深度求索推出。训练成本低至557.6万美元,在数学、代码、自然语言推理等任务性能比肩GPT。其推出后在用户数量和应用下载方面成绩突出。

小结

围绕人工智能的基础认知,本章从概念溯源、技术解构、分类体系到发展脉络,为读者搭建起系统的知识框架。开篇以生活场景切入,展现AI在语音助手、智能推荐、自动驾驶等领域的渗透,通过对比影视与现实中的AI,揭示技术从科幻想象到实际应用的跨越。

本章在定义层面,从功能、技术实现、学科交叉等角度解读AI本质——它不仅是让机器具备人类智能的能力,更是计算机科学、数学、统计学等多学科融合的结晶。核心技术方面,本章详细剖析了数据、算力、算法三大要素:数据作为AI的"燃料",其质量与规模直接影响模型性能;算力充当"引擎",从GPU到TPU的技术迭代大幅提升计算效率;算法则是"灵魂",决定AI系统的学习与决策方式,三者协同驱动技术发展。

分类体系的梳理展现了AI的多元形态:按智能水平分为弱AI、强AI与超级AI,其中弱AI已广泛应用,强AI与超级AI仍处于理论探索;按功能类型划分为感知AI、决策AI、生成AI、交互型AI,对应不同技术需求;按应用场景及部署方式，则进一步细分医疗 AI、云端 AI 等领域，凸显技术的落地价值。

AI 三大流派的阐述揭示了技术发展的不同路径：符号主义基于逻辑推理，适用于结构化问题，但依赖人工规则；连接主义模拟人脑神经元，在图像、语音处理上表现突出，却面临可解释性难题；行为主义强调环境交互，适合动态场景，训练过程存在不确定性。

本章通过对全球知名 AI 模型的盘点，展现了中美企业在大模型领域的竞争态势，如 OpenAI 的 GPT-4、谷歌的 Gemini，以及中国的文心一言、讯飞星火等，彰显技术创新的蓬勃活力。

通过多维度的知识铺陈，本章力图帮助读者建立对人工智能的立体认知，为后续深入探讨 AI 技术应用与伦理挑战提供基础支撑，展现这一前沿领域的无限潜力与发展空间。

第二章

人工智能：起源与发展

从图灵测试的思想火花，到达特茅斯会议的命名启幕，人工智能自 20 世纪中叶萌芽至今，历经了跌宕起伏的发展历程。在这 70 余年里，它曾在理论探索中初露锋芒，也在技术瓶颈中陷入寒冬；它既因深蓝战胜国际象棋冠军、AlphaGo 击败围棋高手而震撼世界，又因大模型时代的到来引发新一轮技术变革。如今，人工智能已深度融入社会生活，重塑各行业发展格局。回溯人工智能从诞生、受挫到复兴的历史脉络，解析其背后的技术演进与社会影响，探寻这项前沿技术如何一步步走到今天，并展望它将引领人类走向何方？这是耐人寻味的。

诞生与发展（1950—1960 年）：图灵与早期理论

人工智能的种子在 20 世纪中叶开始萌芽，这一时期奠定了整个

AI领域的理论基础。1950年,英国数学家艾伦·麦席森·图灵(Alan Mathison Turing)发表了划时代的论文《计算机器与智能》,提出了著名的"图灵测试"——如果一台机器能够与人类对话而不被辨别出是机器,那么就可以认为这台机器具有智能。这一思想实验至今仍是衡量人工智能水平的重要标准之一。

图灵不仅提出了智能机器的概念,还深入探讨了机器"思考"的可能性。他在论文中预见了许多后来成为AI研究核心的问题:机器能否创造性地解决问题?能否从经验中学习?能否表现出真正的理解?这些问题至今仍在推动着AI研究。

1956年夏天,在美国达特茅斯学院举行的一次小型学术会议上,"人工智能"这一术语被正式提出。会议由约翰·麦卡锡(John McCarthy)、马文·明斯基(Marvin Minsky)、克劳德·香农(Claude Shannon)和赫伯特·西蒙(Herbert Simon)等科学家组织。虽然会议本身并未产生突破性成果,但它确立了AI作为一个独立研究领域的地位。

这一时期的主要成就包括:

第一,亚瑟·塞缪尔(Arthur Samuel)于1952年开发的跳棋程序,这是第一个能够自我学习并提高水平的程序。

第二,弗兰克·罗森布拉特(Frank Rosenblatt)于1957年发明的感知机(Perceptron),这是最早的神经网络模型。

第三,约翰·麦卡锡于1958年发明的LISP编程语言,成为AI研究的主要工具达数十年之久。

其发展历程如表2.1所示。

表 2.1　　　　　　　1950—1960 年 AI 领域重要里程碑

年份	里程碑事件	关键人物	意义
1950	图灵测试	艾伦·麦席森·图灵	确立了机器智能的评判标准
1952	跳棋程序	亚瑟·塞缪尔	第一个能自我学习的程序
1956	达特茅斯会议	约翰·麦卡锡等	正式命名"人工智能"领域
1957	感知机模型	弗兰克·罗森布拉特	神经网络的开端
1958	LISP 语言发明	约翰·麦卡锡	AI 研究的标准工具

这一时期的 AI 研究充满了乐观情绪,许多科学家相信在 20 年内就能创造出具有人类水平智能的机器。

第一次辉煌(1960—1970 年):专家系统闪耀登场

20 世纪 60 年代是人工智能的第一个黄金时期,这一时期研究经费充足,各种理论和技术蓬勃发展。这一时期最具代表性的成果是专家系统的出现和发展。

专家系统是一种模拟人类专家决策能力的计算机程序,它通过知识库和推理引擎来解决特定领域的问题。第一个成功的专家系统 DENDRAL 由斯坦福大学于 1965 年开发,能够根据质谱数据推断分子结构,其表现甚至超过了化学专家。

这一时期还见证了早期自然语言处理系统的诞生。1964 年,约瑟夫·维岑鲍姆(Joseph Weizenbaum)开发了 ELIZA 程序,这是第一个能够模拟人类对话的程序。虽然 ELIZA 实际上只是简单地匹配关键词并返回预设的响应模式,但许多人却认为它表现出了真正的理解能力。

在机器人技术方面,斯坦福研究所1972年开发的Shakey机器人成为第一个能够感知环境、规划路径并执行任务的通用移动机器人。Shakey整合了计算机视觉、自然语言处理和问题解决等多个AI技术,为现代机器人学奠定了基础,参见表2.2。

表2.2　　　　　　　　1960—1970年代表性的AI系统

开发时间	系统名称	开发机构	功能	意义
1964年	ELIZA	MIT	对话模拟	首个聊天机器人
1965年	DENDRAL	斯坦福大学	化学分析	第一个专家系统
1972年	Shakey	斯坦福研究所	移动机器人	首个集成AI机器人

这一阶段的AI研究主要基于符号主义范式,认为智能行为可以通过对符号的操纵来实现。研究者们相信,只要将足够多的人类知识编码成规则,就能创造出真正的智能。然而,这种方法在面对复杂、模糊的现实世界问题时很快显示出局限性,也为以后人工智能发展的寒冬埋下了伏笔。

寒冬与挫折(1970—1980年):发展遇阻的艰难岁月

20世纪70年代,人工智能遭遇了第一次重大挫折,这一时期被称为"AI寒冬"。早期的乐观预期未能实现,研究经费大幅缩减,整个领域陷入低谷。导致AI寒冬的主要原因包括:

第一,技术局限性。当时的计算机处理能力和存储空间远远不足以支持复杂的 AI 应用。

第二,理论瓶颈。符号主义方法在处理常识推理、感知和运动控制等基本智能任务上遇到困难。

第三,预期过高。早期研究者对 AI 发展速度的预测过于乐观,导致失望情绪蔓延。

1973 年,英国数学家詹姆斯·莱特希尔(James Lighthill)受英国科学研究委员会委托对 AI 领域进行评估。他发表的《莱特希尔报告》严厉批评了 AI 研究未能实现其宏伟承诺,直接导致英国大幅削减 AI 研究经费,这一影响很快波及全球。

最典型的失败案例是机器翻译领域。自动翻译的质量远低于预期,美国政府随即停止了对机器翻译研究的资助。类似地,马文·明斯基和西蒙·派珀特(Simon Papert)在《感知机》一书中证明了单层感知机的严重局限性,导致神经网络研究陷入长期停滞,参见表 2.3。

表 2.3　　　　　　　AI 寒冬时期的挑战与应对

挑战领域	具体问题	影　响	后续发展
机器翻译	质量低下,无法使用	资金撤资,研究停滞	直到 20 世纪 80 年代统计方法出现才复苏
神经网络	单层感知机的局限性	神经网络研究被放弃	多层网络和反向传播算法最终突破限制
常识推理	无法编码人类全部常识	专家系统应用受限	转向更狭窄的专业领域应用

然而,寒冬中仍有亮点,AI 领域也有一些重要进展。

1972 年,特里·维诺格拉德(Terry Winograd)开发了 SHRDLU

系统,展示了更深入的自然语言理解能力。

1975年,马文·明斯基提出框架理论,为知识表示提供了新方法。

反向传播算法的概念也在这一时期被提出,虽然要到20世纪80年代才得到广泛应用。

这一时期的重要教训是:人工智能的发展不可能一蹴而就,需要长期的基础研究积累。寒冬迫使研究者们更加务实,专注于解决具体问题而非追求通用智能,这为日后的复苏奠定了基础。

复苏的曙光(1980—2000年):机器学习的崛起

20世纪80年代,人工智能领域开始走出寒冬,机器学习的崛起成为推动其复苏的主要力量。经历寒冬后,科研人员认识到,机器学习算法和模型的创新对人工智能发展至关重要,随后一系列新技术和方法不断涌现。

1981年,日本经济产业省拨款8.5亿美元研发第五代计算机,即人工智能计算机。这一举措引发全球关注,英国、美国纷纷响应,加大对信息技术领域的研究投入。大量资金的涌入吸引了更多科研人员投身该领域,加速了技术创新。

1984年,道格拉斯·莱纳特(Douglas Lenat)带领启动Cyc项目,目标是让人工智能以类似人类推理的方式工作。项目尝试构建庞大的常识知识库,虽在知识获取、知识表示等方面面临挑战,但为后续研究提供了经验。

1986年,查尔斯·赫尔(Charles Hull)制造出首个3D打印机。3D打印与人工智能结合,可优化打印过程、辅助模型设计,为制造业带来新机遇,也展现出不同领域技术交叉融合对人工智能发展的推动作用。

1989年,杨立坤在贝尔实验室通过CNN实现手写文字编码数字图像的识别。CNN专为处理图像数据设计,能自动提取图像特征,为深度学习在计算机视觉领域的应用奠定了基础。

1992年,李开复在苹果任职时,利用统计学方法设计了Casper语音助理,这是Siri的前身。Casper能更准确地识别连续语音,推动了语音识别技术在实际应用中的发展,使语音交互成为人机交互的重要方式。

1997年,IBM深蓝战胜国际象棋冠军卡斯帕罗夫,彰显了人工智能在复杂博弈领域强大的计算和决策能力,提升了公众对人工智能的认知。同年,两位德国科学家提出LSTM网络,该网络能有效处理时间序列数据中的长期依赖问题,推动了深度学习在语音识别等领域的发展,参见表2.4。

表2.4　　　　　　　　1980—2000年AI关键性事件

时间	事件	意义
1981年	日本拨款8.5亿美元研发第五代人工智能计算机	引发全球关注,刺激英、美等国增加对人工智能研究的投入,吸引科研人员,加速技术创新
1984年	启动Cyc项目,构建常识知识库,实现类人推理	推动知识表示和推理的研究,为后续研究积累经验

续表

时间	事件	意义
1986 年	首台 3D 打印机诞生	3D 打印与人工智能结合，为制造业赋能，促进多领域技术交叉融合
1989 年	杨立坤通过 CNN 实现手写文字编码数字图像识别	展示深度学习在图像领域的能力，为计算机视觉应用奠定基础
1992 年	李开复设计 Casper 语音助理	突破语音识别技术，推动语音交互在实际中的应用
1997 年	深蓝战胜国际象棋冠军卡斯帕罗夫	展示人工智能在复杂博弈领域的实力，提升公众对人工智能的关注
1997 年	提出 LSTM 网络	有效处理时间序列数据长期依赖问题，推动深度学习在相关领域的发展

这一时期，计算机硬件性能提升、互联网兴起，为人工智能算法提供了强大的计算能力和丰富的训练数据，机器学习也为后续人工智能的快速发展筑牢了根基。

快速发展（2000—2020 年）：大数据与深度学习的革命

进入 21 世纪，计算机硬件性能的飞跃、网络的普及，让数据量呈井喷式增长。大数据与深度学习的融合，为人工智能的发展带来了革命性的变化，并推动其迈向全新的高度。

2006 年，杰弗里·辛顿发表论文，提出深度信念网络，采用无监督预训练来初始化神经网络参数，有效解决了深层神经网络训练时的梯度消失问题，为深度学习发展清除了障碍。此后，卷积神经网络在图像识别领域大显身手,循环神经网络及其变体长短时记忆网络,在自然语言处理、时间序列分析等领域广泛应用。

同年,亚马逊推出 AWS 云计算平台,凭借按需付费的模式,让科研机构和企业能灵活获取计算资源,从而降低了人工智能研究和应用的门槛。初创企业无需花费巨资搭建计算中心,通过租用云服务,就能开展深度学习模型训练,大幅缩短产品研发周期。

2007 年,李飞飞教授发起 ImageNet 项目,开源大规模图像识别数据集,包含超 1 400 万张、2 万多种标注类别的图像。在 ImageNet 大规模图像识别挑战赛中,深度学习算法性能卓越。

2012 年,Hinton 教授的团队使用 AlexNet 在 ImageNet 竞赛中夺冠,将 TOP-5 的错误率降至 15.3%,远高于第二名的 26.2%。此后深度学习算法不断刷新成绩,推动计算机视觉技术进步,广泛应用于安防、自动驾驶等领域。

2014 年,4G 网络普及和智能手机广泛应用,带动移动互联网迅猛发展。社交媒体、电商平台等各类移动应用产生海量用户数据。同时,物联网兴起,传感器在工业、环境、家居等领域大量部署,实时采集多源数据。大数据与深度学习结合,助力人工智能系统从海量数据中学习知识和模式,并提升模型性能。

2016 年,AlphaGo 击败围棋世界冠军李世石,再次刷新了公众对 AI 能力的认知。与深蓝不同,AlphaGo 主要依靠深度强化学习而非预设规则展示机器学习从经验中自我提升的能力,参见表 2.5。

表 2.5　　　　　　　2000—2020 年 AI 关键性事件

时间	事件	意义
2006 年	辛顿提出深度信念网络,解决梯度消失问题	为深度学习扫清了障碍
2006 年	亚马逊推出 AWS 云计算平台	降低 AI 研发门槛,推动产业生态发展
2007 年	李飞飞发起 ImageNet 项目	为图像识别提供数据支撑,加速计算机视觉应用
2014 年	4G 普及,移动互联网和物联网兴起	为 AI 提供海量数据,助力多场景落地
2016 年	AlphaGo 击败李世石	提升公众对 AI 的认知,推动自我学习研究

AI 产业在这一时期迅速扩张。科技巨头纷纷建立 AI 研究实验室,初创企业如雨后春笋般涌现。AI 技术被应用于医疗诊断、金融风控、自动驾驶、智能制造等众多领域,创造了巨大的经济价值。

然而,AI 的快速发展也带来了新的挑战:数据隐私问题、算法偏见、自动化带来的就业影响等社会议题开始引发广泛讨论,因此 AI 伦理和治理逐渐成为重要研究领域。

通用 AI 探索(2020 年至今):千模大战与 AGI 萌芽

2020 年,人工智能发展进入新阶段,大模型成为技术主流,通用人工智能(AGI)的探索也重新活跃。

Transformer 架构(2017 年提出)在这一时期展现出惊人潜力。基于此的大规模语言模型如 GPT-3(2020 年)、PaLM(2022 年)等表现出一定的通用能力,能够完成翻译、问答、写作、编程等多种任务。多模态模型如DALL·E(2021年)和Stable Diffusion(2022年)则实现了文本到图像的生成,展示了创造性能力。

这一阶段的显著特点是模型规模的爆炸式增长:一是参数量从GPT-2的15亿参数增长到GPT-4的估计万亿级参数。二是训练数据从GB级别扩展到TB级别。三是计算资源单个模型的训练成本从数百万美元增加到数千万美元。

2025年,DeepSeek的崛起成为标志性事件,其开源、低成本、高性能的AI模型挑战了传统算力依赖模式,重新定义了AI行业的竞争格局。

DeepSeek-V3仅用2 048块H800 GPU训练2个月,成本仅557.6万美元,而同等性能的传统模型(如Llama3.1-405B)需消耗11倍算力。这一突破证明,Scaling Law(规模定律)并非唯一路径,算法优化可大幅降低算力依赖。

随着各大科技公司的陆续加入,产业界形成了"千模大战"的竞争格局。OpenAI、Google、Meta、Anthropic等美国科技公司以及中国的百度、阿里巴巴、深度求索等企业纷纷推出自己的大模型。开源社区也开始活跃起来,出现了LLaMA、Falcon等有影响力的大模型。

在技术快速进步的同时,关于AGI的讨论日益增多。一些研究者认为,现有的大模型已经展现出初步的通用智能特征,如上下文学习、推理能力和多任务处理等;另一些专家则坚持认为,真正的AGI需要具备意识、理解和自主目标等特征,目前的系统远未达到这一水平。

这一阶段也面临着严峻挑战:

第一，能源消耗。大模型的训练和运行需要巨大算力，带来环境成本。

第二，安全风险。模型可能产生有害、偏见或虚假内容。

第三，社会影响。深度伪造技术可能被滥用，就业市场面临冲击。

第四，治理难题。全球 AI 监管框架尚未形成。

综合目前的情况，未来发展方向可能包括如下几个方面：一是更高效的架构。降低计算需求，提高能效。二是新型学习范式。如小样本学习、持续学习等。三是多模态整合。实现视觉、语言、行动的统一模型。四是具身智能。将 AI 与物理世界更紧密结合。

从图灵测试到千模大战，人工智能已经走过了 70 余年的发展历程。虽然通用人工智能仍未实现，但 AI 技术已经深刻改变了人类社会。展望未来，AI 将继续拓展人类能力的边界，同时也需要我们审慎应对其带来的挑战。

小 结

本章系统地梳理了人工智能自 20 世纪 50 年代至今的发展历程，展现其从理论构想到技术突破、从局部应用到全面变革的演进轨迹，能让我们看清科技进步的无限可能性。

1950—1960 年，图灵测试奠定智能评判标准，达特茅斯会议确立 AI 领域，早期程序与模型的出现，点燃了人们对智能机器的热情。

1960—1970 年，专家系统、自然语言处理程序的成功,将 AI 推向首个辉煌期,但符号主义的局限性也为后续困境埋下了伏笔。

20世纪70年代的 AI 寒冬,因技术瓶颈、理论困境与过高预期,导致研究经费缩减、发展停滞。不过,寒冬中仍孕育着突破的种子,为复苏积蓄力量。

1980—2000年,机器学习崛起成为关键转折点,日本的第五代计算机计划带动全球投入,CNN、LSTM 等技术突破,以及深蓝战胜人类棋手,推动 AI 走出低谷。

2000—2020年,大数据与深度学习的融合掀起了革命浪潮。云计算降低了研发门槛,ImageNet 数据集推动了计算机视觉发展,AlphaGo 的胜利更是刷新了公众认知,AI 广泛应用于多领域的同时,也引发了伦理与社会问题的讨论。

2020年至今,以大模型为核心的"千模大战"开启新征程,Transformer 架构助力模型展现通用能力,DeepSeek 的低成本突破颠覆传统发展模式。

纵观人工智能发展史,每一次突破都源于理论创新、技术进步与社会需求的共同驱动,而遭遇的困境也促使研究者不断反思与调整方向。如今,尽管通用人工智能仍存争议,但 AI 已开始深刻地改变着人类生产生活。未来,在追求技术创新的同时,还需妥善应对能源消耗、安全风险等挑战,并构建合理的监管框架,以确保人工智能朝着造福人类的方向持续发展。

第三章

人工智能：核心技术

不管是购物时的精准推荐，还是机器人的完美动作，抑或是自动驾驶汽车的流畅运行，这些便捷体验背后，均有人工智能核心技术在悄然发力。从让机器学会自主分析数据的机器学习，到模拟人类神经元网络的深度学习。从赋予机器理解人类语言能力的自然语言处理，到让机器能够"看见"世界的计算机视觉，再到助力智能体在环境中自我优化的强化学习，每一项技术都如同精密齿轮，共同驱动着人工智能的高速运转。这些技术不仅深刻改变着我们的生活方式，更在医疗、交通、金融等领域掀起变革浪潮。本章将深入拆解这些核心技术的运行逻辑、发展脉络与应用成果，带你探索人工智能从理论构想走向现实应用的关键路径，揭开智能时代背后的技术密码。

机器学习：AI 的基石

机器学习是什么

简单来说，机器学习就是让计算机自己从数据里找规律，而不是靠人一条条地给它定规则。举个例子，要让计算机区分苹果和橙子。要是用传统编程方法，就得详细告诉它：苹果一般是红色或者绿色，形状圆圆的；橙子是橙色的，也是圆圆的，但表面比苹果粗糙。但机器学习就不用这么麻烦，我们只要给计算机看大量苹果和橙子的图片，再告诉它图片里是什么，计算机就会自己分析，找出苹果和橙子的特点，总结出区分它们的办法。

用数学语言讲，数据包含各种特征，像苹果的颜色、形状、大小，用 x 表示；对应的类别，比如是苹果还是橙子，用 y 表示。机器学习的任务，就是找到一个函数 f，让 $f(x)$ 的结果和 y 尽可能接近。

机器学习的四大类型

机器学习主要有监督学习、无监督学习、半监督学习和强化学习四种类型，它们在不同场景大显身手。

表 3.1　　　　　不同类型的机器学习技术的对比

类　型	核心特点	常见应用场景
监督学习	用带标签的数据训练，让模型学会从数据到标签的对应关系	图像分类（分辨猫和狗）

续表

类　型	核心特点	常见应用场景
无监督学习	处理没标签的数据,挖掘数据里隐藏的模式和结构	电子商务客户分群
半监督学习	结合少量带标签数据和大量无标签数据训练,适合标注数据成本高的场景	医学图像识别(标注医学图像需要专业知识,成本高)
强化学习	通过和环境互动,根据环境反馈的奖励信号学习最优策略	游戏 AI(如围棋、象棋游戏)、机器人控制

下面,通过几个生活例子,来深入了解这四种学习类型。

监督学习(有参考答案的学习)

垃圾邮件过滤是监督学习的典型应用。我们收集很多已经标注好的"垃圾邮件"和"正常邮件",这些标注数据就像老师给的标准答案。然后用监督学习算法训练模型,让模型学习垃圾邮件和正常邮件的特点。这样一来,新邮件来了,模型就能根据学到的特点,判断它是不是垃圾邮件。

无监督学习(发现隐藏的规律)

假如一家大超市想对顾客进行分类,以制定不同营销策略,但顾客数量太多,人工分类太费劲。这时候,无监督学习就派上用场了。超市收集顾客的购物记录,比如买了什么商品、买了多少、多久买一次等信息,再用 K-Means 聚类算法分析这些数据。算法会根据数据的相似性,把顾客自动分成不同群体,如高消费群体、日常消费群体、健康食品偏好群体等。

半监督学习(少量标注+大量未标注数据)

在医疗领域,标注医学图像需要专业医生花费大量时间和精力,成本很高,半监督学习可以解决这个问题。我们先收集少量标注好的医学图像,再加上大量未标注的图像,用半监督学习算法训练模型。模型会从少量标注数据里学到一些基本特征,再通过分析大量未标注数据,进一步优化自己,提高图像识别的准确率。

强化学习(不断试错强化的过程)

以机器人学走路为例,机器人在一个环境里不断尝试不同动作,每做一个动作,环境会根据机器人的表现给出奖励或惩罚。要是机器人成功向前走了一步,就会得到奖励;要是摔倒了,就会受到惩罚。通过不断尝试和调整,机器人慢慢就学会保持平衡,稳定走路了。

机器学习工作流程

直接说流程可能会有些枯燥。我们举个例子,假设你要做个预测房价的模型,那你至少需要如下的步骤(参见表3.2)。

表3.2 预测房价的关键步骤

步骤	具体操作	常见问题
数据收集	爬取房产平台历史成交数据	数据缺失或造假
特征工程	提取:面积、地段、房龄等	需要人工构造"到地铁距离"等特征
模型训练	尝试线性回归等	过拟合(在训练数据上表现好,实际应用中表现很差)
模型评估	使用均方误差(MSE)指标	需警惕数据泄露

机器学习也一样,一般要经过以下几个步骤:

数据收集与预处理

数据是机器学习的基础。我们要收集大量和任务相关的数据,这些数据来源广泛,像传感器、数据库、网络等。收集到的数据往往存在噪声、缺失值、异常值等问题,需要预处理。比如,在预测学生成绩的项目里,有些学生的成绩数据可能缺失,我们得用统计方法或机器学习算法填补缺失值。同时,为了让不同类型的数据能比较,还得对数据进行标准化或归一化处理。

特征工程

特征工程是从原始数据里提取有价值的特征,这些特征是模型的输入。比如,在图像识别里,我们可以提取图像的颜色、纹理、形状等特征。特征的好坏直接影响模型性能,好的特征能让模型更容易学到数据里的规律。

模型选择与训练

根据任务类型和数据特点,选择合适的机器学习算法。不同算法各有优缺点和适用场景。比如,决策树算法简单易懂,适合分类问题;线性回归算法常用于预测连续值。选好算法后,用训练数据训练模型,调整模型参数,让模型在训练数据上达到最佳性能。

模型评估

训练好的模型得评估,看看性能是否达标。常用评估指标有准确率、召回率、F1 值、均方误差等。不同应用场景,要选择合适的评估指标。比如,在垃圾邮件过滤中,准确率和召回率都很重要,我们既希望模型准确识别垃圾邮件,又不想把正常邮件误判为垃圾邮件。

模型部署与维护

模型通过评估后,就可以部署到实际应用中为用户服务,在部署时要考虑模型的性能、稳定性和可扩展性等。随着时间推移和数据变化,模型性能可能会下降,需要定期维护和更新。

机器学习面临的挑战

在实际应用中,机器学习也会面临如下一些难题:

过拟合

过拟合是指模型在训练数据上表现很好,但在测试数据或实际应用中表现很差。这就好比有的学生为了考试,死记硬背所有练习题,可遇到新题目就不会做了。过拟合通常是因为模型太复杂,学到了训练数据里的噪声和细节,没学到数据的本质规律。为了避免过拟合,可以采用正则化、交叉验证、降低模型复杂度等方法。

数据偏差

数据偏差是指训练数据不能代表实际应用中的数据分布。比如,一个基于图像识别的疾病诊断系统,训练数据主要来自某一地区的患者,而该地区疾病类型有特殊性,如果系统应用到其他地区时,就可能出现误诊。为了减少数据偏差,我们要尽量收集多样化的数据,或者用数据增强技术,扩大训练数据的规模和多样性。

可解释性

一些复杂的机器学习模型,比如深度学习模型,就像一个黑盒子,很难解释模型的决策过程。在医疗诊断、金融风险评估等对可解释性要求高的场景里,模型的可解释性很重要。医生需要知道模型为什么做出这样的诊断,金融分析师需要理解模型如何评估风险。因此,研究可解释的机器学习模型是当下的重要方向。

深度学习：神经网络的力量

传统机器学习就像单细胞生物,只能处理简单任务。深度学习则像进化出神经系统,通过多层神经元处理复杂的信息。

神经网络的发展历程

深度学习的核心是神经网络,它的发展经历了多个阶段。

感知机(1957年)

感知机是最早的神经网络模型,它模仿人类神经元的工作方式。人类神经元接收多个输入信号,并对这些输入信号进行整合,类似于加权求和的过程。当总和超过一定阈值时,就会产生输出信号。感知机也是如此,对输入信号进行加权求和,通过激活函数输出结果。然而,感知机只能处理简单的线性可分问题,遇到复杂的非线性问题就无能为力了,就像一个只能做简单加减法的计算器,面对复杂数学运算就会卡壳。

反向传播算法(1986年)

反向传播算法的出现,使多层神经网络的训练成为可能。它就像一位负责的老师,能够根据学生的学习结果,反向推导每个学生在学习过程中的错误,并指导学生进行调整。反向传播算法通过计算误差的梯度,将梯度反向传播到网络的每一层,调整网络的权重,使模型的输出更接近真实值。这一算法为神经网络的发展奠定了基础。

卷积神经网络(CNN,1998年)

卷积神经网络给图像识别领域带来了巨大变革。它通过卷积层、池化层和全连接层等结构,自动提取图像的特征,大大提高了图像识别的准确率。它就像一位专业的图像分析师,能够从图像中快速准确地找出关键特征,判断图像的内容。

Transformer模型(2017年)

Transformer模型引入了注意力机制,能够更好地处理文本、语音等序列数据。注意力机制就像我们在阅读文章时,会根据重点内容分配注意力一样,Transformer模型能够根据输入序列中各个元素的相关性,动态分配注意力权重,更好地捕捉序列中的长距离依赖关系。

常见的神经网络架构

卷积神经网络(CNN)

CNN在图像识别、目标检测、图像分割等领域应用广泛。它主要由卷积层、池化层和全连接层组成。

卷积层通过卷积核在图像上滑动对图像进行卷积操作,提取图像的局部特征。卷积核就像一个小探测器,在图像上扫描,寻找特定的特征。例如,小的卷积核可能检测图像中的边缘,大的卷积核可能检测图像中的纹理。

池化层对卷积层输出的特征图进行降采样,减少数据量,降低模型的计算复杂度。常见的池化方法有最大池化和平均池化。最大池化就好比从一群人中选出最高的人,平均池化则是计算一群人的平均身高。通过池化操作,既能保留图像的主要特征,又能减少数据量。

全连接层将池化层输出的特征图展平后,连接到全连接层,进行分类或回归任务。全连接层就像一个综合判断者,根据前面提取的特征,从而做出最终决策。

循环神经网络(RNN)

RNN适合处理文本、语音和时间序列等序列数据。它的隐藏层不仅接收当前时刻的输入,还接收上一时刻隐藏层的输出,因此能够捕捉序列数据中的时间依赖关系。例如,在分析一段语音时,每个单词的含义往往与前面的单词有关,RNN就能利用这种时间依赖关系,更好地理解语音的内容。

自注意力机制(Self Attention)

Transformer模型在自然语言处理领域取得了巨大成功,其核心是自注意力机制。自注意力机制能够根据输入序列中各个元素的相关性,动态分配注意力权重,更好地捕捉序列中的长距离依赖关系。例如,在翻译句子"我喜欢苹果,因为它很美味"时,模型需要理解"它"指代的是"苹果",自注意力机制就能帮助模型建立这种长距离的语义联系。

深度学习的应用成果

深度学习在计算机视觉、自然语言处理和生物医学等领域取得了显著成果。

计算机视觉

在图像识别领域,深度学习模型的准确率已经超过人类。例如,在ImageNet图像分类竞赛中,深度学习模型的Top-1准确率达到

90%以上。在目标检测和图像分割等任务中,深度学习模型也表现出色,广泛应用于安防、交通、工业等领域。比如,在安防监控中,深度学习模型能够快速准确地识别人员、车辆等目标,实现实时预警。

自然语言处理

基于 Transformer 架构的预训练模型,推动自然语言处理技术取得了重大突破。机器翻译的质量大幅提升,文本生成、问答系统等应用越来越成熟。例如,GPT 系列模型能够生成连贯、自然的文本,在写作辅助、对话机器人等方面应用广泛。你可以让 GPT 帮你撰写文章,或者陪你愉快地聊天。

生物医学

深度学习在生物医学领域的应用越来越广泛,如疾病诊断、药物研发、基因序列分析等。通过分析医学影像,深度学习模型能够帮助医生快速、准确地诊断疾病;在药物研发中,深度学习模型能够预测药物分子的活性,加快药物研发的进程。

自然语言处理:让机器理解人类语言

咱们平常开口讲话、动手写字,交流起来毫无压力。可对机器而言,理解人类语言堪称一项艰巨的挑战。自然语言处理,就是专门为解决这一难题而生,旨在让机器理解和生成人类语言的技术。

自然语言处理的发展阶段

自然语言处理的发展进程,宛如一场漫长的接力赛,历经多个重要阶段。

规则驱动时代(1950—1990年)

在这一时期,研究人员尝试通过制定海量的语法和语义规则,教会机器理解和生成语言。这就好比教小朋友说话,每个词、每句话的规则都得详细讲解。然而,人类语言丰富多样、灵活多变,充满了各种特殊情况和模糊之处。就拿"打"字来说,在"打电话""打篮球""打酱油"这些表达中,含义大相径庭。这种规则驱动的方法,在处理大规模真实文本时,就如同拿着一把小尺子去丈量广阔的世界,根本难以实现。而且随着文本数量和复杂度的增加,需要制定的规则呈指数级增长,维护和更新规则的难度也越来越大。

统计模型时代(1990—2010年)

随着计算机技术的飞速发展和数据量的爆发式增长,统计模型逐渐成为自然语言处理的主流方法。统计模型通过深入分析海量文本数据,挖掘其中潜藏的规律和模式。例如,通过统计大量文本中单词的出现频率以及它们的上下文关系来判断一个单词的词性。这就像通过观察一个人经常出入的场所,来推测他的职业。在词性标注、句法分析等基础任务中,统计模型取得了不错的成果。以词性标注为例,统计模型能够根据单词在文本中的出现频率和前后搭配,准确地为单词标注词性,大大提高了处理效率。但统计模型也存在一定的局限性,它主要依赖于数据的统计特征,难以深入理解语言的语义和语境。

深度学习时代(2010年至今)

深度学习技术的兴起,为自然语言处理带来了新的希望。基于神经网络的模型,如循环神经网络(RNN)、卷积神经网络(CNN)和Transformer,能够自动从文本中学习特征,极大地推动了自然语言处理技术的进步。这些模型就像一群勤奋好学的学生,能够从海量文本数据中总结经验,不断提升自己的语言处理能力。以 RNN 为例,它能够处理序列数据,捕捉文本中的上下文信息,在语音识别、机器翻译等任务中发挥了重要作用。而 Transformer 模型引入的注意力机制,能让模型更好地理解文本中各个单词之间的关系,已在多个自然语言处理任务中取得了突破性的成果。

自然语言处理的关键技术

词嵌入

词嵌入技术可以将单词转化为低维向量,把单词的语义信息编码到向量中,使语义相近的单词在向量空间中彼此靠近。常见的词嵌入方法有 Word2Vec、GloVe 等。以 Word2Vec 为例,它通过训练神经网络,学习单词的上下文信息,从而得到每个单词的向量表示。比如,在"我喜欢吃苹果"和"我喜欢吃草莓"这两个句子中,"苹果"和"草莓"经常出现在相似的语境中,经过 Word2Vec 训练后,它们的向量表示在空间中也会较为接近。GloVe 则基于全局词共现矩阵进行训练,能够更好地捕捉单词之间的语义关系。词嵌入技术在文本分类、情感分析、机器翻译等任务中发挥着重要作用,就像给每个单词贴上了一张独特的"语义身份证"。在文本分类中,通过词嵌入技术将文本中的单词转化为向量,再将这些向量输入到分类模型中,能够提高模型的分类准确率。

预训练语言模型

预训练语言模型是自然语言处理领域的一项重大突破,它通过在大规模文本数据上进行无监督预训练的方式来学习语言的通用知识和语义表示。然后,在特定的下游任务上进行微调,从而提高模型在该任务上的性能。代表性的预训练语言模型有 BERT、GPT 等。BERT 采用双向 Transformer 架构,能够同时考虑单词的前后文信息,在多个自然语言处理任务中取得了领先的成绩。例如,在问答系统中,BERT 能够理解问题的语义,并从大量文本中找到准确的答案。GPT 则采用单向 Transformer 架构,专注于文本生成任务,能够生成高质量、连贯的文本,在写作辅助、对话机器人等方面有着广泛的应用。

多模态融合技术

多模态自然语言处理旨在融合文本、图像、语音等多种模态的数据,使机器能够更全面地理解和表达信息。例如,在图像描述生成任务中,模型需要同时理解图像的内容和文本的语义,生成准确、生动的图像描述。在智能客服中,多模态融合技术可以让客服机器人同时处理用户的语音和文字输入,提供更加便捷、高效的服务。

计算机视觉:让机器"看见"世界

计算机视觉致力于赋予机器"看"懂世界的能力,如今在安防、交通、医疗、零售等众多领域都发挥着不可或缺的作用。

计算机视觉的技术任务

图像分类

这是计算机视觉领域最基础的任务,即让机器判断一张图片属于哪个类别。比如,判断图片里是猫还是狗,是汽车还是自行车。电商平台广泛应用了图像分类技术,能自动将上传的商品图片归类到相应的商品类别中,极大地方便了用户搜索和浏览商品。以淘宝为例,每天有数以亿计的商品图片上传,图像分类技术能够快速、准确地将这些图片分类,提高了平台的运营效率。

目标检测

目标检测不仅要识别出图片或视频中的物体类别,还要确定它们的位置。以交通监控为例,目标监测技术可以实时检测出车辆、行人、交通标志的位置和类别,为交通管理部门提供准确的数据支持,有助于优化交通流量,减少交通事故。在一些智能交通系统中,目标监测技术能够实时监测道路上的交通状况,当发现交通拥堵或事故时,及时通知相关部门进行处理。

语义分割

语义分割是将图像中的每个像素都进行分类,让机器精确区分图像中的不同物体。比如,在一张街景图片中,语义分割技术可以清晰地区分出道路、建筑物、树木、行人等不同元素。这在自动驾驶领域尤为重要,帮助车辆准确识别周围环境,做出安全、合理的驾驶决策。特斯拉的自动驾驶系统利用语义分割技术,对摄像头拍摄到的图像进行分析,识别出道路、车辆、行人等物体,为自动驾驶提供重要的信息支持。

计算机视觉的技术方法

在计算机视觉领域，卷积神经网络是当之无愧的主力军。前文提到过，卷积神经网络能够自动提取图像特征，在图像分类、目标检测和语义分割等任务中表现卓越。以人脸识别技术为例，安防系统通过使用卷积神经网络训练模型，学习不同人脸的特征。训练过程就像让模型仔细观察大量人脸照片，记住每个人脸的独特之处。这样，当新的人脸出现时，模型就能快速准确地识别出来。除了卷积神经网络，近年来一些新的技术和模型也不断涌现。例如，Transformer 模型在计算机视觉领域的应用逐渐增多，它能够更好地处理图像中的全局信息，在一些复杂的视觉任务中取得了不错的效果。此外，多模态融合技术在计算机视觉中也得到了广泛应用，通过融合图像、视频、语音等多种信息，提高了模型对复杂场景的理解能力。

强化学习：从 AlphaGo 到自动驾驶

强化学习是一种让智能体通过与环境进行交互，不断尝试各种行动，以获取最大奖励的学习方法。简单来说，强化学习就像一个人在陌生的城市里摸索，通过不断尝试不同的路线，找到到达目的地的最佳方式。

从广义的机器学习划分，强化学习属于机器学习的一种。但是强化学习和普通的机器学习有不小区别，所以此处将强化学习再作详细的介绍。

强化学习的原理

强化学习中有三个关键要素：智能体、环境和奖励。智能体是采取行动的主体；环境是智能体所处的外部世界；奖励则是环境对智能体行动的反馈。智能体的目标是通过不断调整自己的行动策略，尽可能多地获取奖励。

强化学习的应用

AlphaGo

AlphaGo 的横空出世，让强化学习声名远扬。在与人类棋手的对弈中，AlphaGo 通过自我对弈，不断尝试新的落子策略，并根据对弈结果获得奖励或惩罚。经过海量的训练，AlphaGo 逐渐掌握了围棋的精妙策略，最终战胜了世界顶尖棋手，震惊了全世界。这一成就标志着强化学习在复杂博弈领域取得了重大突破。AlphaGo 的成功，不仅证明了强化学习的强大威力，也为后续的研究和应用提供了重要的思路和方法。

自动驾驶

在自动驾驶领域，强化学习同样发挥着重要作用。自动驾驶汽车作为智能体，需要在复杂多变的交通环境中做出决策。通过与环境的实时交互，根据行驶安全、到达目的地的效率等因素获得奖励，自动驾驶汽车不断优化自己的驾驶策略。例如，在遇到交通拥堵时，自动驾驶系统能够通过强化学习算法，选择最优的行驶路线，避免陷入拥堵，节省出行时间。此外,强化学习还可以用于优化自动驾驶汽车的速度控制、跟车距离等方面,提高驾驶的安全性和舒适性。

机器人控制

强化学习在机器人控制领域也有着广泛的应用。机器人可以通过强化学习学会完成各种复杂的任务,如装配零件、打扫卫生等。以机器人装配任务为例,机器人通过与装配环境的交互,不断尝试不同的操作步骤,根据装配结果获得奖励或惩罚,逐渐学会高效、准确地完成装配任务。

游戏开发

强化学习在游戏开发中也发挥着重要作用。游戏 AI 可以通过强化学习不断提升自己的智能水平,为玩家提供更加具有挑战性和趣味性的游戏体验。例如,在一些策略类游戏中,游戏 AI 可以通过强化学习学习不同的策略,根据游戏局势做出最优决策,与玩家进行激烈的对抗。

小　结

本章全面剖析了人工智能的五大核心技术,深入展现其原理、发展历程与应用价值,构建起理解人工智能技术体系的关键框架。

作为人工智能的基石,机器学习通过监督学习、无监督学习等四种类型,让计算机从数据中自主发现规律。在垃圾邮件过滤、客户分群等实际应用中,其通过数据收集、特征工程、模型训练等标准化流程实现功能。然而，过拟合、数据偏差和可解释性差等问题，制约着其在复杂场景中的应用，推动着研究人员不断探索优化方法。

深度学习依托神经网络的演进，实现了从感知机到Transformer模型的跨越。卷积神经网络（CNN）在图像识别领域大放异彩，循环神经网络（RNN）擅长处理序列数据，而Transformer的注意力机制则革新了自然语言处理。这些技术在计算机视觉、自然语言处理和生物医学等领域取得突破性成果，如ImageNet竞赛中超越人类的识别准确率以及GPT系列在文本生成领域的卓越表现等。

自然语言处理历经规则驱动、统计模型和深度学习三个时代。早期的规则方法因语言复杂性受限，统计模型借助数据挖掘取得进展，而深度学习时代的预训练语言模型（如BERT和GPT）极大提升了机器对语义的理解与生成能力。词嵌入和多模态融合技术，进一步拓展了自然语言处理的应用边界。

计算机视觉聚焦图像分类、目标检测和语义分割等核心任务。以卷积神经网络为代表的技术，使机器能够准确识别图像中的物体并定位，在安防监控、自动驾驶等场景中发挥关键作用。随着Transformer等新技术的引入，计算机视觉对复杂场景的理解能力不断增强。

强化学习通过智能体与环境的交互学习，以最大化奖励为目标。AlphaGo 战胜人类棋手的壮举,展现了其在复杂博弈领域的潜力。在自动驾驶、机器人控制和游戏开发等领域,强化学习也持续推动着智能体决策能力的提升。

这些核心技术相互渗透、协同发展,共同推动人工智能从实验室走向了广阔的应用市场。然而,技术的快速发展也带来了数据隐私、算法偏见等新挑战。在持续推动技术创新的同时,各国还需构建完善的伦理与监管体系,确保人工智能朝着安全、可靠、有益的方向发展,为人类社会创造更大价值。

第四章

人工智能：产业链全景地图

从手机里的智能助手到工厂中的机械臂，从医院的 AI 诊断系统到路上的自动驾驶汽车，人工智能正以"润物细无声"的方式重构人类社会的运行逻辑。这个看似"无形"的技术革命背后，实则隐藏着一条精密协作的产业链条——从数据"燃料"的开采提纯，到算法"大脑"的研发进化，再到技术"肌肉"在千行百业的落地发力，每个环节都如齿轮般紧密咬合，推动着智能时代的巨轮隆隆向前。

下面以"产业导游"的身份，带您展开一幅纵贯上中下游的全景地图：上游解密数据如何从无序的"数字矿石"淬炼为模型训练的"精钢"，算力又如何搭建起智能世界的"电力网络"；中游探访算法工程师如何用代码编织"智能神经"，软件开发如何让技术从实验室走向"货架"；下游目睹 AI 如何化身"产业魔术师"，在消费互联网、智能制造、医疗教育等领域变出真实价值。透过这条链条的运转逻辑，您将看见技术创新与产业需求如何共舞，听见未来智能社会演进的时代之声。

人工智能产业链

产业链的构成

人工智能产业链就好比一座运转有序的城市。在这个城市里，不同的环节各司其职，共同推动着整个产业的发展。

上游环节就像是城市的水电供应系统和原材料工厂，为整个人工智能产业提供不可或缺的基础资源——数据和算力。数据，是人工智能的"燃料"，没有数据，人工智能就如同无米之炊；算力则是"引擎"，驱动着人工智能系统的运转。

中游环节类似于城市里的研发中心和设计工作室，专注于算法研究和 AI 软件开发。这里的研究人员和开发者们，通过不断的创新和探索，赋予人工智能"智慧的大脑"，让它们能够理解和处理各种复杂的任务。

下游环节就像是城市里的各种商店、工厂和服务机构，将人工智能技术应用到实际场景中，创造出实实在在的价值。从我们日常使用的手机智能 App，到工厂里的自动化智慧生产线，再到医院里的智能诊断系统，都是人工智能在下游应用的体现。

产业链各环节的相互关系

人工智能产业链的各个环节紧密相连，相互依存，形成了一个有机的整体，就像一部运转良好的机器，每个零件都不可或缺，且相互配合。

　　上游环节为中游和下游提供了基础支撑。如果没有丰富的数据和强大的算力，中游的算法研究和软件开发就会受到限制，下游的应用也难以实现。例如，训练一个大型的语言模型，需要海量的文本数据和高性能的计算设备，否则模型的性能将大打折扣。

　　中游环节则是连接上游和下游的桥梁。中游研发的算法和软件，不仅依赖于上游的数据和算力，也为下游的应用提供了技术支持。先进的算法和软件，使得人工智能在各个领域的应用成为可能。比如，计算机视觉算法的发展，让智能安防、自动驾驶等应用得以实现。

　　下游环节的实际需求，又反过来推动上游和中游的发展。不同领域对人工智能的需求各不相同，这促使上游企业提供更有针对性的数据和算力服务，中游企业研发更先进、更适用的算法和软件。以医疗领域为例，对疾病早期诊断和精准治疗的需求，推动了医学影像分析算法的研发，也促使数据供应商收集更多高质量的医学影像数据。

上游：数据供应和算力支撑

数据供应链条

　　数据供应链就像是一条生产线，从数据的采集开始，经过清洗、标注等一系列处理，最终将高质量的数据输送到人工智能系统中。

　　数据采集是这条生产线的起点。数据的来源非常广泛，互联网无疑是最大的"数据宝库"。社交媒体平台上用户发布的文字、图片、视频,电商平台上的交易记录和用户评价,都是重要的数据来源。除此之外,传感器也在数据采集中发挥着重要作用。在智能交通系统中,摄像头可以采集车流量、车速等信息;在智能家居环境里,温度传感器、湿度传感器会实时记录室内环境数据。

采集到的数据往往是杂乱无章的,就像一堆未经加工的原材料,需要进行清洗和预处理。数据清洗就像是给杂乱的房间做一次大扫除,去除数据中的噪声、错误和重复信息。例如,在收集到的用户信息中,可能存在电话号码格式不一致、地址信息错误等问题,数据清洗可以将这些问题纠正过来。

数据标注则是为数据赋予特定的标签或注释,让人工智能模型能够理解数据的含义。以图像识别为例,标注人员会在图像上标记出物体的类别,如"猫""狗""汽车"等,以帮助模型学习不同物体的特征。

经过清洗和标注的数据,就可以用于人工智能模型的训练了。在这个过程中,数据的质量和数量都非常重要。高质量的数据可以让模型学习到更准确的知识,而足够数量的数据则可以提高模型的泛化能力,使其能够应对各种不同的情况。

数据供应重点企业介绍

在数据供应领域,有一些知名企业发挥着重要作用。美林数据专注于数据分析和数据治理,为企业提供数据资产全生命周期管理解决方案,帮助企业更好地管理和利用数据。美亚柏科在电子数据取证和大数据信息化领域具有领先地位,其产品和服务广泛应用于公安、司法、税务等多个部门,能够对各类电子数据进行采集、分析和处理。博观大数据深耕大数据情报获取和人工智能情报分析与应用领域,在人才大数据方向具有领先地位。表4.1是中国相关公司业务特点。

表4.1　　　　　　　　　　数据相关重点企业

企业名称	主要业务与数据相关内容	企业亮点
海天瑞声	为语音、图像、自然语言处理等领域提供数据采集、标注与整理服务	数据标注专业且规模大,覆盖多类型与领域
云测数据	专注大模型语料数据服务,承担收集、清洗、标注及管理工作	大模型语料服务能力突出
美林数据	专注于数据分析和数据治理	提供数据资产全生命周期管理解决方案
数据堂	提供多类型数据采集、标注服务,拥有丰富的语音、图像、文本数据集	数据集丰富,服务经验足
易华录	主导"数据湖"建设,参与公共数据运营试点,负责数据存储与整合	"数据湖"模式有特色,蓝光存储技术先进
美亚柏科	广泛应用于公安、司法、税务等多个行业	在电子数据取证和大数据信息化领域具有领先地位
太极股份	具备"数据湖+政务云"全链条服务能力,承担政务数据采集、治理、分析工作	政务数据领域经验丰富,服务能力全面
深桑达	布局云计算及存储技术,参与城市级数据要素市场建设,负责数据存储、管理与加工	数据安全与要素化工程有影响力
星环信息科技	提供大数据处理、分析、挖掘一站式解决方案,含数据库、数据仓库等平台	技术实力强,能处理海量数据
达观数据	利用自然语言处理等技术处理文本数据,提供机器人流程自动化、文本挖掘引擎等产品	智能文本处理技术领先
博观大数据	利用大数据和人工智能技术,提供人才、技术、企业、产业等科技创新情报服务	大数据人才情报服务开拓者,合作广泛

常用 AI 芯片解析

AI 芯片，简单来说，就是给人工智能专门打造的数据处理"小能手"。当我们训练人工智能模型，或者使用智能语音助手、图像识别软件时，都需要处理海量数据，AI 芯片能快速搞定这些运算，就像给人工智能装上了一个"超级大脑"。下面是几款常见 AI 芯片。

GPU（图形处理器）

一开始，GPU 是为了让电脑更好地处理图像、视频"诞生"的，打游戏、做影视特效都少不了它。后来人们发现，GPU 就像一群能一起工作的工人，并行计算能力特别强。训练图像识别模型时，需要同时处理大量图片数据，GPU 能把这些任务分给不同"工人"，让运算速度大幅提升。如今英伟达的 GPU，在 AI 领域最受欢迎，很多深度学习训练和推理都要用到它。

TPU（张量处理单元）

TPU 是谷歌专门为深度学习设计的芯片，它就像一把专门开锁的钥匙，是深度学习计算中很重要的矩阵乘法运算，处理起来又快又好。在谷歌的图像搜索、语音助手等功能中，TPU 可以快速处理深度学习模型，既提高了运行速度，又节省了成本，让使用者能更快得到搜索结果。

FPGA（现场可编程门阵列）

FPGA 特别灵活，就像一块能随意变形的橡皮泥。工程师可以根据不同任务需求，随时重新"塑造"芯片内部电路。在视频监控领域，不同场景下要识别和跟踪的目标不一样，通过重新编程 FPGA 芯片，就能轻松应对各种情况,比其他芯片灵活得多。

ASIC(专用集成电路)

ASIC芯片就像定制服装,是针对特定应用专门设计的。因为是"量身定制",所以在处理特定任务时,ASIC芯片不仅性能比通用芯片更好,还更省电。比如,寒武纪的思元系列芯片,专为深度学习打造,在安防监控、智能驾驶等场景应用广泛,能提供高效的AI计算支持,参见表4.2。

表4.2　　　　　　　　　不同AI芯片的对比

芯片类型	特点	应用场景	类比
GPU(图形处理器)	并行计算能力强,通用性高	深度学习训练和推理、游戏、图形渲染	高效的"并行工人",能同时处理多项任务
TPU(张量处理单元)	针对深度学习矩阵运算优化,计算效率高、功耗低	谷歌云服务及相关AI应用	为深度学习定制的"专用工具"
FPGA(现场可编程门阵列)	灵活性高,可根据算法需求硬件编程	通信、安防等对算法灵活性要求高的场景	能随时调整工具的"万能工匠"
ASIC(专用集成电路)	针对特定AI算法设计,计算效率高	自动驾驶、智能安防等对性能要求高、算法固定的场景	为特定任务打造的"专业机器"

云计算与边缘计算协同

云计算和边缘计算是算力基础设施的重要组成部分,它们相互协同,为人工智能应用提供灵活、高效的算力支持。

云计算就是一个大型的"算力工厂",将大量的计算资源集中起来，通过网络为用户提供按需使用的算力服务。用户无需自己购买和维护昂贵的计算设备，只需通过互联网连接到云计算平台，就可以使用平台提供的算力资源。云计算适用于对实时性要求不高、计算任务复杂的场景，如深度学习模型的训练。

边缘计算则更靠近数据源，它就像分布在各个角落的"小型加工厂"，能够在本地对数据进行实时处理和分析。在一些对实时性要求极高的场景中，如自动驾驶、智能安防、工业控制等，边缘计算具有明显的优势。以自动驾驶为例，车辆在行驶过程中会产生大量的传感器数据，如果将这些数据全部传输到云端进行处理，会面临网络延迟的问题，无法满足车辆实时决策的需求。而通过在车辆上部署边缘计算设备，可以在本地对传感器数据进行实时处理和分析，快速做出驾驶决策，保障行车安全。

云计算和边缘计算可以相互协同，形成云边协同的算力架构。边缘计算设备可以将处理后的关键数据上传到云端，进行进一步的分析和挖掘；云端也可以将训练好的模型下发到边缘计算设备，提高边缘计算的智能化水平。

中国算力中心的分布情况

简单来说，算力中心就是数据运算的"超级工厂"。中国的算力中心分布广泛，并且在政策推动下不断优化布局。

在国家层面，科技部批准成立了多个国家超级计算中心。截至2024年，已有14处分布在全国各地。天津的国家超级计算天津中心是我国首家国家级超级计算中心，该中心部署有"天河一号"超级计算机和"天河三号"原型机系统,为科研院所、企业等提供高性能计算等服务;深圳的国家超级计算深圳中心配置了世界 Top 级超级计算机系统,承担科学计算任务并提供云计算服务。此外,济南、无锡、昆山、广州、长沙、成都、郑州、西安、太原、文昌、重庆、乌镇等地也都设有国家超级计算中心。这些中心在当地的科研、产业发展等方面发挥着关键作用。

从区域协同角度看,"东数西算"工程意义重大。国家发改委等多部门联合印发通知,同意在京津冀、长三角、粤港澳大湾区、成渝、内蒙古、贵州、甘肃、宁夏 8 地启动建设国家算力枢纽节点,并规划了 10 个国家数据中心集群。

东部地区如京津冀的廊坊,凭借独特的区位优势和产业布局,其智能算力规模在全国 302 个有算力中心的地级行政区中,算力分指数位居全国第一。

而西部地区凭借资源优势,例如贵州拥有丰富的水电资源,能为数据中心提供稳定且低成本的电力,成为承接东部算力需求的重要区域。通过"东数西算",将东部算力需求有序引导到西部,促进了东西部协同联动,优化了全国的数据中心建设布局。

算力基础重点企业介绍

在算力基础领域,有许多知名企业。华为在算力领域不断发力,推出了基于昇腾系列芯片的人工智能计算解决方案,包括昇腾 AI 服务器、昇腾 AI 集群等产品,构建了从芯片、硬件到软件的全栈式算力体系,并且通过与合作伙伴的合作,推动人工智能在各行业的应用落地。英伟达作为全球知名的 GPU 制造商,其 GPU 产品在人工智能领域占据了主导地位。英伟达不断推出性能更强大的 GPU 芯片,并且构建了完善的软件生态系统,如 CUDA(Compute Unified Device Architecture)平台,为开发者提供了便捷的编程接口,极大地促进了人工智能技术的发展,参见表 4.3。

表 4.3　　　　　　　　　全球知名 AI 芯片企业

企业名称	国家	核心产品	市场定位/应用领域	备注
英伟达	美国	H100/H800	数据中心、AI 训练与推理、自动驾驶	全球 AI 芯片龙头,市占率超 80%
博通	美国	AI ASIC 芯片	云计算、网络通信	AI 收入占比超 30%
AMD	美国	Instinct MI300 系列、Ryzen AI	数据中心、AI PC、HPC	2024 年数据中心业务增长 94%
高通	美国	Snapdragon X Elite(AI PC 芯片)	边缘计算、智能手机、物联网	聚焦 AI PC 市场
英特尔	美国	Gaudi 3 AI 加速器、Habana Labs	企业级 AI、数据中心	18A 工艺吸引英伟达/博通测试
华为昇腾	中国	昇腾 910B(训练)、昇腾 310(推理)	智能制造、智慧城市、医疗、大模型训练	国产替代主力,DaVinci 架构
寒武纪	中国	MLU 系列(训练/推理芯片)	云端 AI、边缘计算	科创板上市,专注 AI 芯片
地平线	中国	征程系列(自动驾驶芯片)	智能驾驶、车载计算	合作车企包括理想、比亚迪
海光信息	中国	深算系列(兼容 x86 的 AI 加速器)	数据中心、政务云	国产 CPU/GPU 替代方案
摩尔线程	中国	MUSA 架构 GPU(集成 AI 加速)	图形渲染、AI 计算	全功能 GPU 创新者

中游：算法研究和 AI 软件开发

算法研究演进路线

算法是人工智能的核心，它的发展历程见证了人工智能从诞生到繁荣的过程。早期的人工智能算法以符号主义为代表，主要基于规则和逻辑推理构建智能系统。这种方法就像是给计算机编写一本详细的操作手册，计算机按照手册中的规则进行决策。例如，早期的下棋程序中通过设定一系列下棋规则，让计算机按照规则进行对弈。但这种方法存在局限性，在面对复杂多变的现实场景时，很难穷尽所有规则。

随着数据量的不断增长和计算能力的提升，机器学习算法逐渐兴起。机器学习让计算机通过数据进行学习，自动从数据中发现模式和规律。机器学习主要包括监督学习、无监督学习、半监督学习和强化学习四大类。

监督学习通过有标记的数据进行训练，以图像分类为例，将大量已经标注好类别的图像数据输入模型，模型学习到不同类别图像的特征模式后，就可以对新的未标注图像进行分类预测。

无监督学习则在无标记的数据中发现内在结构，如在客户关系管理中，通过聚类算法将客户按照消费习惯、行为特征等进行分类，帮助企业制定针对性的营销策略。

半监督学习收集少量标注好的医学图像，再加上大量未标注的图像,用半监督学习算法训练模型,节省成本。

强化学习能让智能体在环境中不断试错,根据环境反馈的奖励信号学习最优策略,AlphaGo 就是强化学习的典型应用,其通过与自己对弈数百万局,掌握了高超的围棋技艺。

近年来,深度学习作为机器学习的一个分支领域,取得了革命性的突破。深度学习基于深度神经网络,通过构建多层神经网络,让模型自动学习数据的复杂特征。在图像识别领域,卷积神经网络能够自动提取图像的边缘、纹理等特征,实现对图像的准确分类。在自然语言处理领域,Transformer 架构的出现,极大地提升了模型对文本语义的理解能力,基于 Transformer 架构开发的 GPT 系列模型在对话生成、文本创作等任务中表现出色。

算法领域重点企业介绍

在算法领域,有许多知名企业推动着技术的发展。字节跳动在算法技术方面具有深厚的积累,其推荐算法广泛应用于抖音、今日头条等产品中,能够根据用户的兴趣和行为,为用户推荐个性化的内容,极大地提升了用户体验。百度在自然语言处理和计算机视觉领域取得了多项技术突破,其文心大模型在知识问答、文本生成等任务中表现出色,并且通过百度智能云为企业和开发者提供算法服务。商汤科技专注于计算机视觉技术的研发和应用,其研发的 SenseTime AI 在智慧城市、智能汽车、智慧商业等领域得到了广泛应用。深度求索在 2025 年春节前后推出的 DeepseekR1 大模型在数学、代码、自然语言推理等任务性能比肩 GPT,参见表 4.4。

表 4.4 算法领域全球知名企业

企业名称	国家	核心算法/技术	主要应用领域
OpenAI	美国	GPT-4、GPT-4 Turbo、DALL·E 3、Sora	自然语言处理、AIGC、视频生成
DeepMind(Google)	美国	AlphaFold、Gemini 2.0、MuZero	生物计算、强化学习、多模态AI
Anthropic	美国	Claude 3	AI安全、企业级AI助手
Meta(FAIR)	美国	LLaMA3、Segment Anything（SAM）	开源大模型、计算机视觉
Inflection AI	美国	Inflection-2、Pi AI助手	个性化AI交互、情感计算
商汤科技	中国	日日新大模型（SenseNova 5.0）	多模态AI、智慧城市、自动驾驶
科大讯飞	中国	星火大模型（SparkDesk 3.0）	语音识别、教育AI、医疗AI
百度	中国	文心大模型（ERNIE 4.0）	搜索引擎、自动驾驶、AIGC
华为	中国	盘古大模型3.0	工业AI、云计算、通信网络
字节	中国	豆包大模型	短视频、广告投放、游戏
深度求索	中国	DeepseekR1（长链推理）	推理、科研计算

AI软件开发生态

AI软件开发生态就像是一个庞大的软件工厂，由各种开发工具、框架和平台组成，为开发者提供了便捷的开发环境和工具，降低了AI开发的门槛，加速了AI应用的开发和落地。

深度学习框架是AI开发的核心工具，TensorFlow和PyTorch是目前最流行的深度学习框架。TensorFlow 由谷歌开发,具有强大的分布式计算能力,适用于大规模深度学习模型的开发。PyTorch 则以其简洁易用的特点,受到众多科研人员和开发者的喜爱。除了深度学习框架,还有数据标注工具、模型评估工具等。数据标注工具可以帮助标注人员更高效地进行数据标注,提高标注的准确性和一致性。模型评估工具可以对训练好的模型进行评估,衡量模型的性能和效果。

AI 软件开发领域重点企业介绍

在 AI 软件开发领域,科大讯飞在智能语音技术方面具有领先地位,其研发的语音识别、语音合成等技术广泛应用于智能客服、智能车载、智能教育等领域。

用友网络作为企业管理软件和云服务提供商,将人工智能技术融入企业管理软件中,为企业提供智能化的解决方案,帮助企业提高管理效率和决策水平。

下游:应用场景概述

消费互联网(推荐/搜索/社交)

在消费互联网领域,人工智能的应用极大地提升了用户体验。推荐算法就像是一位贴心的购物助手,根据用户的浏览历史、购买记录和兴趣偏好,为用户推荐个性化的商品和内容。例如,当你在电商平台浏览某件商品后,平台会为你推荐相关的商品,让你更容易找到自己需要的东西。

搜索算法则让信息获取变得更加便捷。当你在搜索引擎中输入关键词时,搜索引擎会利用人工智能技术,快速准确地为你提供相关的搜索结果。例如,百度的搜索引擎通过对网页内容的理解和分析,能够为用户提供高质量的搜索服务。

在社交领域,人工智能也发挥着重要作用。例如,社交媒体平台利用人工智能技术对用户发布的内容进行审核,过滤掉不良信息,营造健康的社交环境。同时,一些社交机器人还可以与用户进行互动,为用户提供帮助和服务。

产业数字化(制造/能源/农业)

在制造业,人工智能的应用实现了生产过程的智能化和自动化。智能工厂利用传感器、机器人和人工智能算法,实现了生产过程的实时监控和优化。例如,通过对生产设备的运行数据进行分析,提前预测设备故障,避免生产中断。在能源领域,人工智能可以帮助优化能源生产和分配。例如,通过对气象数据和能源需求的分析,预测能源产量和需求,实现能源的合理调度。

在农业领域,人工智能也在发挥着越来越重要的作用。无人机可以对农田进行航拍,通过图像分析了解农作物的生长情况,如是否缺水、是否遭受病虫害等。智能灌溉系统可以根据土壤湿度和天气情况,自动控制灌溉时间和水量,实现精准灌溉,提高水资源利用效率。

社会公共服务(医疗/教育/政务)

在医疗领域,人工智能为疾病诊断和治疗提供了新的手段。医学影像分析系统可以对 X 光、CT、MRI 等影像进行分析,帮助医生快速准确地发现病变。例如,肺部 CT 影像分析系统能够检测出早期肺癌,提高肺癌的诊断准确率。在药物研发过程中,人工智能可以通过分析大量的生物数据,预测药物的疗效和副作用,加速新药研发的进程。

在教育领域,人工智能为个性化学习提供了支持。智能教学辅助工具可以根据学生的学习情况,为教师提供教学建议,帮助教师调整教学策略。自适应学习系统能够根据学生的答题情况,智能推送适合学生水平的学习内容,实现因材施教。

在政务领域,人工智能可以提高政府的服务效率和管理水平。例如,智能政务客服可以快速回答市民的问题,解决市民的诉求。通过对政务数据的分析,政府可以更好地了解社会需求,制定更加科学合理的政策。

人工智能产业正以惊人的速度发展,从上游的基础支撑,到中游的技术研发,再到下游的广泛应用,每个环节都蕴含着巨大的潜力。通过了解这个产业全景,我们不仅可以深刻地认识人工智能,还能更好地迎接人工智能时代的到来。

小 结

本章全面且深入地描绘了人工智能产业全景,通过对产业链上、中、下游的细致剖析,展现出人工智能产业蓬勃发展的态势与内在逻辑。

产业链上游是人工智能产业发展的根基,承担着数据供应和算力支撑的核心任务。在数据供应链条中,数据采集来源广泛,涵盖互联网平台与各类传感器,而数据清洗和标注则是保障数据质量的关键工序,像海天瑞声、云测数据等企业通过专业化的数据服务,为 AI 模型训练提供高质量数据。在算力方面,AI 芯片呈现出多元化格局,GPU 凭借强大的并行计算能力成为深度学习训练的主力军,英伟达的产品占据市场主导地位;TPU 作为谷歌为深度学习定制的"利器",在自家的 AI 服务中发挥高效性能;FPGA 以灵活可编程的特性,满足通信、安防等场景的动态需求;ASIC 则凭借专为特定算法设计的优势,在自动驾驶、智能安防等领域实现高效低耗的计算。此外,云计算与边缘计算协同互补,"东数西算"工程推动全国算力资源优化布局,华为、英伟达等企业通过技术创新和产品研发,不断提升算力基础设施的性能与服务能力。

中游作为产业的创新核心,聚焦于算法研究和 AI 软件开发。算法演进历程见证了人工智能从基于规则的符号主义,到依赖数据学习的机器学习,再到深度学习取得革命性突破的发展轨迹。在这一过程中,字节跳动的推荐算法、百度的自然语言处理技术、商汤科技的计算机视觉算法等,都在各自领域引领创新潮流。AI 软件开发生态不断完善,TensorFlow 和 PyTorch 等深度学习框架为开发者提供了便捷高效的工具，降低了技术开发门槛；各类数据标注、模型评估工具的涌现，进一步加速了AI应用的开发进程，推动算法研究成果快速转化为实际生产力。

下游是人工智能技术实现价值的关键环节，广泛应用于消费互联网、产业数字化和社会公共服务等领域。在消费互联网领域，推荐算法根据用户偏好实现个性化内容推送，搜索算法提升信息获取效率，AI技术还助力社交平台进行内容审核与互动服务。产业数字化进程中，制造业通过智能工厂实现生产自动化与流程优化，能源行业借助AI进行供需预测和资源调度，农业利用无人机和智能灌溉系统实现精准化管理。社会公共服务方面，AI在医疗领域辅助疾病诊断、加速药物研发；在教育领域支持个性化学习；在政务领域提升服务效率、优化政策制定。

人工智能产业链各环节紧密相连、相互促进，形成了一个有机整体。上游提供基础资源，中游实现技术创新，下游推动应用落地，而下游的实际需求又反作用于上游和中游，从而促进资源优化和技术升级。随着技术的持续进步和产业生态的日益完善，人工智能产业将在更多领域创造价值。

第五章

人工智能：赋能行业变革与创新

　　科技浪潮正以前所未有的速度席卷全球，人工智能早已不再是实验室里束之高阁的神秘概念。它宛如一名神通广大的隐形助手，悄无声息地渗透到社会的每一个角落，深刻改变着人们生活的方方面面。从关乎生命健康的医疗行业，到把控经济命脉的金融行业，再到塑造未来的教育行业和支撑国家发展的制造行业，人工智能正在重塑各个行业的运行逻辑，深刻改变着我们的生活。让我们一同深入探索人工智能深度赋能各行各业的变革和创新。

医疗健康：精准诊断、药物研发与个性化医疗的突破

精准诊断：智能影像与风险预测的突破

　　在传统的医疗诊断流程中，医生主要依靠自身丰富的专业知识和

大量的临床经验,通过 X 光、CT、MRI 等医学影像分析和判断。然而,医学影像数据不仅数量庞大,而且解读难度极高。医生长时间面对这些复杂的影像,很容易产生视觉疲倦,加之不同医生的知识储备和主观认知存在差异,误诊、漏诊的情况时有发生。人工智能影像诊断系统的诞生,恰似为医疗诊断领域配备了一名不知疲倦、目光如炬的"超级助手"。

上海联影智能研发的基于深度学习中的卷积神经网络技术的 uAI Chest CT 肺癌智能诊断系统在肺癌早期诊断方面成果卓著。研发初期,团队收集并标注了海量的肺癌 CT 影像数据,这些数据就是系统的"学习教材"。通过多次迭代训练,卷积神经网络逐渐"记住"肺癌在 CT 影像中的各种特征,包括形态、大小、位置以及与周围组织的关系等。在某大型三甲医院开展的为期一年的临床对比实验中,研究人员将该系统与经验丰富的影像科医生的诊断结果进行了对比。结果显示,对于早期肺癌的检测,该系统的检出率比影像科医生高出约 20%。系统不仅能在短短 3 秒内快速完成对一份胸部 CT 影像的分析,精准标记出疑似肺癌的结节,还会基于大数据生成一份详细的风险评估报告。报告中不仅包含对结节性质的初步判断,还结合大量同类型病例的治疗经验和预后情况,为医生的进一步诊断提供极具价值的参考,极大地提高了肺癌早期诊断的准确性和效率,为患者争取到宝贵的治疗时间。

推想医疗同样取得了显著成果。推想医疗研发的 AI 产品,覆盖了肺部、心脑血管、乳腺等多个领域的疾病诊断。以其肺部疾病 AI 诊断系统为例,该系统借助深度学习算法,对肺部 CT 影像进行分析。

在实际应用中,它不仅能快速检测出肺部结节,还能对结节的良恶性进行初步判断。在多家医院的临床应用中,推想医疗的肺部 AI 诊断系统大幅提高了诊断效率,减少了漏诊情况的发生,为医生的诊断工作提供了有力支持。

除了影像诊断,人工智能在疾病预测方面同样展现出了巨大潜力。美国的 Tempus 公司整合海量的临床数据、基因数据和影像数据,研发出癌症治疗决策支持系统。该系统运用集成学习算法,将多个不同的预测模型进行有机融合,大幅提升了预测的准确性。在一项针对乳腺癌患者的研究中,研究人员将患者分为两组,一组借助 Tempus 系统辅助制定治疗方案,另一组采用传统的治疗模式。经过长达数年的跟踪调查,结果显示,使用 Tempus 系统的患者,复发风险预测准确率提升了约 30%。这一显著提升使得医生能够提前制定更具针对性的治疗方案,比如合理调整化疗药物的剂量和疗程,显著提高治疗效果。

下面通过表 5.1 对 AI 诊断与人工诊断进行多维度对比。

表 5.1　　　　　　　AI 诊断和人工诊断的对比

对比项目	AI 诊断	人工诊断
诊断速度	几秒内即可完成分析	通常需数分钟甚至更长时间
诊断准确性	对早期微小病变的识别能力强,整体准确性较高	易受医生经验、疲劳等因素影响
重复性	诊断结果一致性高,稳定性好	不同医生的诊断结果可能存在差异
诊断范围	能同时分析多种影像数据及多源信息	受限于医生精力,难以全面分析

药物研发：AI大幅缩短研发周期

药物研发是一项极其复杂且成本高昂的工程。从最初的药物靶点发现，到临床试验，再到最终获批上市，往往需要耗费数十年的时间，投入数十亿美元，而且失败率极高。人工智能技术的应用，为药物研发带来了新的希望，大幅缩短了研发周期，降低了研发成本。

英国的BenevolentAI公司利用人工智能技术，在短短几周内就确定了用于治疗罕见疾病的潜在药物靶点。以往，确定一个有效的药物靶点通常需要数年时间，研究人员需要进行大量的实验和数据分析。而BenevolentAI公司的AI算法借助自然语言处理技术，能够从海量的生物医学文献中快速提取关键信息，再结合生物信息学知识，精准锁定与罕见病相关的生物通路和靶点。不仅如此，BenevolentAI公司还借助AI算法对现有药物进行重新定位。通过对药物分子结构和疾病靶点的匹配分析，公司发现一种原本用于治疗其他疾病的药物，对特定罕见病也具有潜在疗效。这一发现不仅大幅节省了研发成本，还为罕见病患者带来了新的希望。这一成果也为药物研发领域提供了全新的思路，启发更多药企利用AI技术挖掘现有药物的新用途。

美国的CytoReason公司运用AI模型模拟人体免疫系统的反应，预测药物可能产生的不良反应。在某心血管药物的研发过程中，CytoReason的AI系统构建了人体细胞信号传导通路和免疫反应的复杂模型。该模型能够模拟药物分子与细胞受体的相互作用，以及由此引发的一系列生理反应。通过这一模拟过程，系统提前识别出该药物潜在的心脏毒性风险。如果没有AI系统的预警，药物进入临床试验阶段后，很可能因严重的副作用而被迫终止，这将导致大量的时间和资金付诸东流。AI 系统的应用，有效避免了这种情况的发生，为企业节省了大量的资源，降低了研发失败的风险。

在国内，晶泰科技专注于利用人工智能技术赋能药物研发。晶泰科技自主研发的 AI 药物晶型预测平台，能够快速筛选出最适合的药物晶型。药物晶型对药物的稳定性、溶解性和生物利用度有着重要影响，传统的晶型筛选方法不仅耗时费力，而且效率低下。晶泰科技的 AI 平台通过对大量晶体结构数据的学习，能够准确预测药物的晶型，大大缩短了药物晶型筛选的时间。例如，在某款创新药的研发过程中，晶泰科技的 AI 平台帮助药企在短时间内确定了最佳药物晶型，加速了药物研发进程，降低了研发成本。

个性化医疗：AI 打造专属治疗方案

每个人的身体都是独一无二的，对药物的反应和治疗的需求也各不相同。人工智能技术的发展让个性化医疗从美好的设想逐渐变为现实。通过分析患者的基因数据、病历信息和实时健康数据，人工智能可以为每位患者量身定制个性化的治疗方案，提高治疗效果，减少不必要的副作用。

MSKCC 癌症中心与 IBM 公司合作推出的 Watson for Oncology 系统，基于对海量癌症治疗文献和临床数据的深度学习，能够为癌症患者提供个性化的治疗建议。以一名患有转移性乳腺癌的患者为例，Watson for Oncology 系统在全面分析患者的基因数据、病史和当前症状后，推荐了一种靶向治疗方案。传统的乳腺癌治疗方案多为标准化治疗，难以充分兼顾每个患者的个体差异。而 Watson for Oncology 系统推荐的靶向治疗方案，针对患者癌细胞的特定基因变异，能够精准地抑制癌细胞生长。临床数据表明，与传统治疗方案相比，这一方案将患者因化疗产生的严重不良反应减少了约 30%，极大地提高了患者的生活质量。同时，患者的生存期也得到了显著延长，平均延长了数月之久，治疗效果得到了大幅提升。

另一个典型案例是辉瑞公司与 Flatiron Health 的合作。Flatiron Health 收集并整合了大量的癌症患者临床数据，构建了庞大的数据库。辉瑞公司借助这些数据，运用人工智能技术深入分析不同患者对药物的反应。通过这一合作，辉瑞公司能够更精准地筛选出适合特定药物治疗的患者群体，提高药物研发的针对性和成功率。例如，在某款抗癌药物的研发过程中，通过对患者数据的分析，研发团队发现特定基因特征的患者对该药物的反应更为显著。这一发现使得药物在临床试验阶段能够更精准地选择受试患者，加速了药物的研发进程，也为更多患者带来了治愈的希望。

在国内，零氪科技通过收集和分析大量的肿瘤患者数据，构建了肿瘤大数据平台。该平台借助人工智能技术，为肿瘤患者提供个性化的治疗方案推荐。例如，在肺癌治疗方面，零氪科技的 AI 系统能够根据患者的基因检测结果、临床分期、身体状况等多方面信息，综合分析后给出个性化的治疗建议，包括手术、化疗、放疗以及靶向治疗的最佳组合。这一举措帮助医生为患者制定更精准的治疗方案，提高了治疗效果，改善了患者的预后。

展望未来，随着技术的不断发展和完善，人工智能在医疗领域的应用将更加广泛和深入。不仅会为医生提供更强大的诊断和治疗工具,还将为患者带来更优质、更个性化的医疗服务,推动医疗行业迈向新的高度。

金融科技:智能客服、风险评估与量化投资的跃升

智能客服:打造全天候贴心服务

在金融服务过程中,客户经常会碰到各式各样的问题,从基础的账户信息查询,到对理财产品的深入咨询,再到贷款政策的解读等。传统的人工客服不仅需要投入大量的人力和时间成本,而且在业务高峰期,客户往往需要长时间等待才能得到回应。智能客服的出现,犹如一场及时雨,有效解决了这些难题。智能客服依托自然语言处理技术,能够准确理解客户的问题,并迅速给出精准的回答,为客户提供便捷、高效的服务体验。

蚂蚁金服的智能客服阿里小蜜,堪称智能客服领域的佼佼者。它每日处理的咨询量数以百万计,无论何时何地,只要客户有需求,阿里小蜜都能在毫秒级内给出回应。在"双11"购物狂欢节期间,阿里小蜜处理的咨询量同比激增超过50%。当客户询问余额宝收益时,阿里小蜜会实时获取余额宝的最新利率和客户账户信息,给出准确的收益数据。当客户咨询花呗额度提升问题时,阿里小蜜会依据客户的消费记录、信用状况等多维度数据,运用机器学习算法评估客户的信用风险,为客户提供合理的建议和解决方案。例如,若客户消费稳定且信用良

好,阿里小蜜会建议客户通过完善资料等方式提升额度。此外,阿里小蜜还通过智能推荐,帮助客户快速找到适合自己的金融产品,极大地提升了客户体验。

国内另一家金融科技企业百信银行,同样在智能客服领域取得了显著成果。百信银行的智能客服"AIYA"不仅能解答客户的常见问题,还具备情感识别功能。当客户在咨询过程中流露出不满或焦虑情绪时,"AIYA"能够及时感知并调整回复策略,安抚客户情绪。通过持续学习和优化,"AIYA"对常见问题的解决率高达 80% 以上,大幅降低了人工客服的压力,提升了服务效率。

风险评估:精准洞察潜在风险

在金融领域,风险评估是一项关乎生死存亡的关键工作。准确的风险评估能够帮助金融机构做出合理的决策,有效降低潜在损失。人工智能技术通过对海量历史数据的深度分析,结合机器学习算法,能够更精准地评估风险,为金融机构的风险管理提供强有力的支持。

ZestFinance 是一家专注于 AI 信用评估的公司,为美国多家金融机构提供服务。ZestFinance 的 AI 系统通过分析借款人的手机使用习惯、社交媒体行为等多维度数据,构建了更全面的信用评估模型。在与一家小型贷款公司的合作中,传统的信用评估体系主要依赖借款人的信用记录和收入证明,许多信用记录空白或不完善的借款人被拒之门外。而 ZestFinance 的 AI 系统通过分析借款人的手机使用频率、通话时长、社交媒体活跃度等数据,挖掘出借款人的行为特征和信用倾向。例如,系统发现经常与稳定职业人群保持高频通话的借款人,还款意愿和能力相对较高。合作数据显示,ZestFinance 的 AI 系统使该公司的不良贷款率降低了约 40%,同时提高了贷款审批效率,让更多原本因传统评估标准被拒之门外的借款人获得了贷款机会,促进了金融服务的普惠性。

在国内,同盾科技在风险评估领域处于领先地位。同盾科技利用人工智能和大数据技术,为金融机构提供全方位的风险防控解决方案。以信贷业务为例,同盾科技的 AI 风控系统能够实时收集和分析借款人的多源数据,包括电商消费记录、出行数据等。通过构建复杂的风险评估模型,该系统能够精准识别潜在的欺诈风险。在某银行的实际应用中,同盾科技的风控系统成功拦截了多起欺诈贷款申请,将信贷风险降低了 30% 以上,为银行的稳健运营提供了有力保障。

投资决策:量化驱动投资变革

投资决策是金融领域的核心环节,传统的投资决策主要依赖投资经理的经验和主观判断。然而,人的认知和情绪容易受到各种因素的影响,导致投资决策出现偏差。人工智能技术的应用,为投资决策带来了新的思路和方法,推动了量化投资的蓬勃发展。

文艺复兴科技的 Medallion 基金,堪称量化投资领域的传奇。该基金运用复杂的 AI 算法,对全球范围内的股票、债券、期货等金融市场数据进行实时分析,寻找市场中的套利机会。在过去的 30 多年里,Medallion 基金的年均回报率高达 35% 以上,远超同期标准普尔 500 指数的表现。Medallion 基金的 AI 系统通过对海量的市场数据进行分析,挖掘出市场中隐藏的规律和趋势。当系统发现某一股票在特定时间段内的价格波动与其他相关股票存在异常关系时,会迅速捕捉到套利机会,进行相应的买卖操作。系统还能实时监测宏观经济数据、政策变化等因素,提前调整投资组合,实现投资收益的最大化。

国内的幻方量化同样借助人工智能技术,在量化投资领域取得了优异成绩。幻方量化自主研发的 AI 投资系统,通过对市场数据、行业动态和企业基本面的实时分析,构建了动态的投资组合模型。该系统能够根据市场变化迅速调整投资策略,捕捉投资机会。在过去的几年中,幻方量化的 AI 投资产品在不同市场环境下都取得了稳定的收益,展现了人工智能在投资决策领域的强大优势。

表 5.2 对传统投资决策和 AI 量化投资决策进行了多维度对比。

表 5.2　　　　　传统投资决策与 AI 投资决策对比

对比项目	传统投资决策	AI 量化投资决策
决策依据	投资经理的经验和主观判断	基于对海量数据的客观分析
情绪影响	易受投资经理情绪干扰	不受情绪影响,决策更理性
市场反应速度	相对较慢	能够实时跟踪市场变化,快速做出反应
策略调整频率	相对较低	可根据市场变化实时调整

人工智能在金融领域的广泛应用,极大地提升了金融服务的效率和质量,推动了金融行业的创新发展。随着技术的不断进步,人工智能将在金融领域发挥更加重要的作用,为行业带来更多的机遇和变革。

智慧教育：个性化学习、智能辅导与教育评估的革新

个性化学习：因材施教的新实践

每个学生都是独一无二的个体，有着不同的学习风格、节奏和需求。传统的大班教学模式难以兼顾每个学生的差异，导致部分学生的学习潜能得不到充分挖掘。人工智能技术的引入，为实现个性化学习提供了技术支撑，让因材施教从理念走向了现实。

美国 Knewton 是一家专注于自适应学习技术的教育科技公司。Knewton 的 AI 系统能够实时分析学生的学习行为，包括阅读速度、答题时间、对不同类型问题的反应等。基于这些数据，系统为每个学生生成个性化的学习计划，动态调整学习内容的难度和进度。例如，当系统发现某个学生在数学运算方面掌握得较好，但在几何图形理解上存在困难时，会优先推送与几何相关的学习资源，并逐步增加难度，帮助学生突破学习瓶颈。

国内松鼠 AI 智适应教育系统在个性化学习领域成绩斐然。该系统采用独特的 AI 算法，为每个学生量身定制学习路径。以数学学科为例，当学生在系统中完成一套测试题后，系统会根据学生的答题情况，运用知识图谱和机器学习算法，分析出学生的知识薄弱点。知识图谱就像是一幅详尽的知识地图，清晰地展示了各个知识点之间的关联。系统借助这一工具，精准定位学生的学习问题，并推送针对性的学习内容。在某中学开展的试点项目中，学校将学生分为实验组和对

照组,实验组使用松鼠AI系统学习,对照组采用传统教学方式。经过一学期的学习,使用松鼠AI系统的学生,数学学习效率显著提高。不仅如此,系统还能根据学生的学习习惯和兴趣偏好,调整学习内容的呈现方式,如为喜欢动画的学生提供动画形式的知识点讲解,充分激发学生的学习积极性。

智能辅导:随时随地的学习伙伴

在学习过程中,学生难免会遇到各种难题,需要及时得到帮助。传统的辅导方式,如课后补习班或向老师请教,往往受到时间和空间的限制。智能辅导系统的出现,打破了这些限制,为学生提供了随时随地的学习支持。

作业帮的拍搜答疑功能,为无数学生解决了学习难题。学生只需将题目拍照上传,系统便能在一秒内给出详细的解题思路和答案。作业帮背后的AI系统通过对海量题库的分析和学习,能够识别各种题型,并运用自然语言生成技术,为学生提供清晰、易懂的解答。据统计,作业帮每天为学生解答的问题超过千万次,覆盖了小学到高中的各个学科。针对一些复杂的题目,系统还会提供多种解题方法,培养学生的思维能力。例如,在一道数学几何证明题中,系统不仅给出了常规的证明思路,还会介绍一些巧妙的解题技巧,拓宽学生的解题视野。

有道词典笔同样是智能辅导领域的明星产品。它集成了人工智能技术,具备智能扫描、语音翻译等功能。当学生在阅读英文文章时,只需用词典笔轻轻一扫,就能快速获取单词和句子的释义,还能听到标准的发音。此外,有道词典笔还能对学生的口语发音进行评测,指出发音中的问题,并给出改进建议,帮助学生提升口语水平。

教育评估:数据化反馈机制的构建

教育评估是衡量学生学习成果和教师教学质量的重要手段。传统的教育评估主要依赖考试成绩和教师的主观评价,难以全面、客观地反映学生的学习情况。人工智能技术的应用,为教育评估带来了新的方法和视角,使评估更加科学、全面。

在国外,Gradescope是一款基于人工智能的作业和考试评估工具。它能够自动识别学生的手写答案,并进行评分。不仅如此,Gradescope还能对学生的答题情况进行分析,生成详细的报告,帮助教师了解学生在哪些知识点上存在普遍问题,从而调整教学重点。例如,在一次数学考试后,Gradescope的分析报告显示,大部分学生在函数应用问题上失分较多,教师据此在后续的教学中加强了这方面的训练。

在国内,科大讯飞的智慧教育产品,通过对课堂教学过程的录音、录像分析,以及学生的作业、考试数据收集,构建了全面的学生学习画像。在某学校的应用中,教师借助该系统,可以清晰地了解每个学生的课堂参与度,如发言次数、提问频率;知识掌握情况,包括对不同知识点的理解和运用能力;以及学习习惯等方面的表现,如是否按时完成作业、学习时间的分配等。基于这些数据,教师可以有针对性地调整教学策略,如为学习困难的学生提供额外的辅导,为学有余力的学生设计拓展性学习任务,从而提高教学质量。系统还能对教师的教学方法进行评估,如分析教师的讲解是否清晰、互动是否有效,为教师的专业发展提供支持。

表 5.3 对传统教育与 AI 赋能教育进行多维度对比。

表 5.3　　　　　　传统教育与 AI 赋能教育的对比

对比项目	传统教育	AI 赋能教育
学习模式	统一教学,难以兼顾个体差异	个性化学习,满足不同需求
辅导支持	受时间和空间限制	随时随地提供辅导
教育评估	依赖考试成绩和主观评价	基于多维度数据的全面评估

人工智能在教育领域的应用,为教育的发展注入了新的活力,推动教育向着更加公平、高效、个性化的方向迈进。随着技术的不断成熟,人工智能将在教育领域发挥更大的作用,助力培养适应时代需求的创新型人才。

智能制造:智能生产、供应链管理与质量检测的转型

智能生产:提升效率与品质

制造业作为国家经济的支柱产业,是推动经济增长、科技创新的重要力量。在数字化、智能化浪潮的席卷下,人工智能技术如同强大的助推器,深度融入制造业的各个环节。从生产车间的智能生产,到覆盖全球的供应链管理,再到严格的质量检测,人工智能正在重塑制造业的生产模式与产业生态,助力制造业向高端化、智能化、绿色化迈进,提升制造业的全球竞争力。

生产效率和产品质量,是制造业企业立足市场的根本。在传统生产模式下,生产环节依赖大量人工操作,不仅效率低下,而且产品质量容易受到人为因素的影响。人工智能技术的引入,为制造业带来了智能化的生产解决方案,通过引入机器人、传感器和自动化控制系统,实现生产过程的自动化和智能化,显著提升生产效率,降低生产成本。

特斯拉的超级工厂堪称智能生产的典范。在汽车装配环节,由AI控制的机器人能够精准完成零部件的安装,装配精度达到毫米级。特斯拉自主研发的AI系统,通过对生产线上数千个传感器数据的实时分析,实现对生产过程的全方位监控。一旦发现某个环节出现异常,系统就会立即发出警报,并给出相应的解决方案。例如,当系统监测到某台设备的振动频率、温度等参数出现异常变化时,会通过算法模型预测设备可能出现故障的时间和类型。在一次生产过程中,AI系统提前3天预测到一台关键设备可能出现故障,工作人员及时进行维护,避免了因设备故障导致的生产中断。据统计,这一举措大幅提高了生产的稳定性和可靠性,每年为特斯拉节省约数百万美元的设备维修和生产停滞成本。

在国内,富士康作为全球知名的电子制造服务商,积极探索人工智能在生产中的应用。富士康引入的AI质检机器人能够快速检测电子产品的外观缺陷。这些机器人搭载了先进的计算机视觉技术,通过对产品外观图像的分析,它们能够在极短时间内识别出细微的划痕、瑕疵等问题。在某款手机的生产线上,AI质检机器人的应用使产品检查效率提高了25%,同时大幅缩短了质检时间,提升了生产效率。

供应链管理：智能预测与资源优化

供应链管理是制造业的关键环节，涉及原材料采购、生产计划、物流配送等多个方面。传统的供应链管理模式，由于信息不对称、预测不准确等问题，容易导致库存积压或缺货现象，增加企业运营成本。人工智能技术的应用，通过对市场需求、生产能力、物流信息等多维度数据的分析，实现供应链的精准预测和优化配置，提升供应链的灵活性和响应速度。

亚马逊作为全球电商巨头，其物流中心的运营高度依赖人工智能技术。亚马逊的 AI 系统通过对历史销售数据、市场趋势、客户偏好等多源数据的分析，能够精准预测商品的需求。基于这些预测，亚马逊合理安排库存，优化物流配送路线。例如，在购物旺季来临前，AI 系统预测到某地区对某款电子产品的需求将大幅增长，亚马逊提前将该产品调配到该地区的仓库，确保客户能够及时收到商品。同时，AI 系统还能根据实时交通信息，动态调整物流配送路线，提高配送效率，降低物流成本。

在国内，海尔集团打造了 COSMOPlat 工业互联网平台，运用人工智能技术实现了供应链的协同管理。COSMOPlat 平台连接了供应商、生产商、销售商等供应链各环节的企业，通过对各方数据的整合与分析，实现了生产计划的精准制定和原材料的准时配送。在某款冰箱的生产过程中，COSMOPlat 平台根据市场需求预测，协调供应商及时供应原材料，同时安排生产计划，避免了库存积压和缺货现象的发生，大幅缩短了产品的交付周期。

质量检测：AI 视觉与数据监测应用

质量是制造业的生命线，传统的质量检测主要依赖人工目检，不仅效率低，而且容易出现漏检和误检的情况。人工智能技术的应用，借助计算机视觉、深度学习等技术，为质量检测带来了新的解决方案，实现对产品质量的快速、准确检测。

苹果公司在 iPhone 的生产过程中引入了 AI 视觉检测系统，该系统能够在生产线上对每一部手机进行全方位的外观检测，快速识别出微小的划痕、裂纹等缺陷。AI 视觉检测系统通过对大量标准手机外观图像的学习，建立起标准模型。当检测手机时，系统将采集到的图像与标准模型进行对比，一旦发现差异，便会立即识别出缺陷。据苹果公司透露，引入 AI 检测系统后，产品外观缺陷的检出率显著提高，有效提升了产品的整体质量，保障了消费者的权益，维护了苹果品牌的高端形象。

在国内，宁德时代作为全球领先的动力电池制造商，采用 AI 技术对电池生产过程进行质量检测。宁德时代的 AI 检测系统，通过对电池生产过程中的电压、电流、温度等多参数数据的实时监测和分析，能够及时发现电池生产中的质量问题。例如，当检测到某批次电池的电压一致性出现异常时，系统会迅速定位问题环节，帮助生产人员及时调整生产工艺，确保电池的质量稳定性。

表 5.4 对传统制造业与 AI 赋能制造业进行多维度对比。

表 5.4　　　　　　　传统制造业和 AI 赋能制造业的对比

对比项目	传统制造业	AI 赋能制造业
生产模式	依赖人工操作,效率和质量受人为因素影响	自动化、智能化生产,提升效率和质量
供应链管理	信息不对称,易出现库存积压或缺货现象	精准预测和优化配置,提升供应链灵活性
质量检测	人工目检,效率低且易漏检误检	借助 AI 技术,实现快速、准确检测

人工智能在制造业的应用,正推动制造业发生深刻变革,为制造业的高质量发展注入新的活力。随着技术的不断创新和应用场景的持续拓展,人工智能将在制造业发挥更为关键的作用,引领制造业迈向智能化新时代。

智能交通:智能驾驶、智能交通管理与智慧物流

智能驾驶:革新出行体验

作为社会运转的动脉,交通与人们的日常生活、经济发展紧密相连。从城市道路上川流不息的车辆,到穿梭于城市之间的公共交通,再到跨越千山万水的物流运输,交通的顺畅与否直接影响着社会的运行效率。在科技飞速发展的当下,人工智能技术如同一场及时雨,为交通领域的革新带来了全新的契机。从减少拥堵的智能交通管理,到改变出行方式的智能驾驶,再到降本增效的智慧物流运输,人工智能正全方位重塑交通生态,让出行更便捷、运输更高效。

智能驾驶一直是交通领域的热门研究方向,也是人工智能技术应用的前沿阵地。传统驾驶高度依赖驾驶员的注意力和反应能力,疲劳驾驶、违规操作等人为因素常常是交通事故的诱因。人工智能技术的引入,有望改变这一现状,实现车辆的自主驾驶,提升出行的安全性和便捷性。

特斯拉在美国智能驾驶领域处于行业领先地位。其 Autopilot 自动辅助驾驶系统,借助摄像头、雷达等多种传感器,收集车辆周围的环境信息,再通过强大的 AI 算法对这些数据进行分析,实现对车辆行驶状态的精准控制。例如,在高速公路上,Autopilot 系统能够根据路况自动调整车速、保持车距,还能在检测到安全的情况下,自动完成变道操作。据特斯拉官方统计,使用 Autopilot 系统后,车辆碰撞事故的发生率显著降低。除此以外,对于长途驾驶的车主来说,该系统还大大减轻了驾驶负担,让出行变得更加轻松。

国内的小鹏汽车同样在智能驾驶领域取得了显著进展。小鹏的 NGP 智能导航辅助驾驶功能,融合了高精度地图和 AI 技术,能够根据导航路线,实现从 A 点到 B 点的智能辅助驾驶。在实际应用中,NGP 系统可以帮助车辆自动进出匝道、超越慢车,有效提升了通行效率。在广州等城市的试点中,使用 NGP 功能的车辆,平均通行时间缩短了约 15%,为用户带来了更加高效、智能的出行体验。

华为在智能驾驶领域持续创新,凭借前沿技术重塑行业格局。2023 年 4 月 16 日,华为于上海发布 HUAWEI ADS 2.0 智能汽车解决方案。该方案专为中国路况打造,首发适配 AITO 问界 M5 高阶智能驾驶版,后续应用于阿维塔 11、极狐阿尔法 S 全新 Hi 版等车型。

ADS 2.0搭载激光融合GOD网络,能精准识别障碍物,有效应对复杂路况,将高速路段的平均人工接管里程从100千米提升至200千米。其NCA智驾领航功能可覆盖90%的城区场景,降低对高精地图的依赖。

2024年4月24日,华为推出新品牌"乾崑",乾崑ADS 3.0同步发布。该版本借助激光雷达融合视觉,彻底摆脱对高精地图的依赖,真正实现"有路就能开"。同年4月,华为发布泊车代驾(VPD)功能,车辆能自主寻找车位、泊入泊出,解决用户停车难题,该功能于6月首发商用。

2025年3月20日,2025款鸿蒙智行问界M9上市,搭载华为乾崑智驾ADS3.3。ADS3.3主打"更智能的车位到车位"体验,无需记忆车位,支持自主学习,老车主可通过OTA升级。其VPD泊车代驾功能同步升级,支持跨楼层泊车。此外,问界M9将于第三季度全系升级华为ADS 4.0智驾,进一步提升驾驶体验。华为在智能驾驶领域的持续深耕,为人们带来更优质的出行选择。

智能交通管理:缓解城市拥堵和优化调度

随着城市化进程的加速,城市交通拥堵问题日益严重,不仅浪费人们的时间和精力,还增加了能源消耗和环境污染。人工智能技术通过对交通流量、路况等多维度数据的实时分析,为智能交通管理提供了科学依据,助力缓解城市拥堵。

在新加坡,政府推出了智能交通管理系统。该系统通过分布在城市各个角落的摄像头、传感器收集实时交通数据,运用AI算法预测交通流量的变化趋势。当系统预测到某些路段可能出现拥堵时,会提前调整交通信号灯的时长,引导车辆分流。例如,在早高峰期间,系统发现通往商业区的某条主干道车流量剧增,便自动延长该路段绿灯时长,同时缩短周边次要道路的绿灯时间,这样可以有效缓解主干道的拥堵状况。据统计,该系统的应用使新加坡主要道路的通行效率提高了约15%。

在国内,阿里云城市大脑项目同样成效显著。以杭州为例,阿里云城市大脑通过整合交通、气象等多源数据,实现对城市交通的全局优化。在杭州的部分路段,城市大脑利用 AI 技术对路口的交通信号灯进行动态优化,根据实时车流量调整信号灯配时。经过一段时间的应用,这些路段的通行时间平均缩短了15%以上,极大地改善了城市的交通状况。

智慧物流:降本增效

物流运输作为交通领域的重要组成部分,直接关系到企业的运营成本和经济效益。传统物流运输存在路线规划不合理、车辆空载率高等问题,导致物流成本居高不下。人工智能技术通过对物流数据的分析,优化运输路线、调度车辆,实现智慧物流运输,降低物流成本,提高运输效率。

美国 DHL 作为全球知名的物流企业,运用人工智能技术优化物流配送。DHL 的 AI 系统通过对历史订单数据、交通状况、天气信息等多源数据的分析,为每一批货物规划最优配送路线。在欧洲的物流配送中,该系统根据实时交通信息,动态调整配送路线,避开拥堵路段。同时,通过智能调度系统,DHL合理安排车辆,降低了车辆空载率,节约了近20%物流成本。

国内的菜鸟网络借助大数据和人工智能技术打造了智慧物流平台。菜鸟的智能仓储系统,运用AI算法对商品的库存进行精准预测,提前将热门商品调配到距离消费者更近的仓库。在配送环节,菜鸟通过智能分单系统,根据配送地址、车辆位置等信息,快速为订单匹配最合适的配送员和车辆。例如,在"双11"等购物高峰期,菜鸟的智慧物流平台有效应对海量订单,实现了包裹的快速分拣和配送,大幅提升了物流效率。

表5.5对传统交通与AI赋能交通进行多维度对比。

表5.5　　　　　　　传统交通和AI赋能交通的对比

对比项目	传统交通	AI赋能交通
出行方式	依赖人工驾驶,安全性和便捷性有限	智能驾驶提升安全性,减轻驾驶负担
交通管理	依赖人工经验,拥堵问题难以有效解决	基于数据实时分析,缓解城市拥堵
物流运输	路线规划不合理,车辆空载率高	优化运输路线,降低物流成本

人工智能在交通领域的应用,正为交通行业的发展注入新的活力,带来前所未有的变革。随着技术的不断成熟和应用场景的持续拓展,人工智能将在交通领域发挥更为关键的作用,构建更加便捷、高效、安全的交通未来。

数字政务：智慧政务服务、智慧城市管理与智能应急的升级

智慧政务服务：打造便捷办事体验

政府治理关乎国家的稳定与发展，也与民众的生活质量息息相关。在数字技术飞速发展的当下，人工智能正以独特的优势，深度融入政府治理的各个环节，重塑治理模式，提升治理效能。从简化流程、提升体验的智慧政务服务，到优化管理、增强韧性的智慧城市建设，再到提升响应速度、科学决策的应急管理，人工智能助力政府更高效、更精准地服务社会，应对复杂的社会治理挑战。

传统政务服务流程繁琐，民众和企业办理业务往往需要耗费大量时间与精力。人工智能技术的融入，简化了政务流程，打破了信息壁垒，实现了政务服务的数字化与智能化，让民众和企业足不出户就能轻松办事。

在国外，爱沙尼亚凭借数字化治理闻名全球。基于 E-Residency 数字身份 ID 的普及和使用，运用人工智能与大数据技术，实现了 96% 的爱沙尼亚人在线报税。民众办理税务申报时，AI 系统能自动收集、分析个人收入、支出等数据，生成预填表格，民众只需核对信息，一键提交即可完成申报。据统计，这一举措让税务申报平均耗时从数小时缩短至几分钟，极大提升了办事效率，降低了行政成本。

国内的"一网通办"平台同样成效显著。以上海为例，"一网通办"平台借助 AI 技术，实现了政务服务事项的智能搜索与精准推荐。当企业或个人搜索办理事项时，平台的 AI 客服能理解语义，推荐最合适

的办理路径,并提供材料清单、办理流程等详细信息。在企业开办领域,AI 审批系统大幅压缩了审批时间,将原本需要数天的开办流程缩短至一天以内,极大激发了市场活力。

智慧城市管理:优化城市运行效能

随着城市化的快速发展,城市管理面临诸多挑战,如交通拥堵、资源浪费等。人工智能技术通过实时收集、分析城市运行数据,为智慧城市管理提供决策支持,优化城市资源配置,提升城市运行效率。

西班牙的巴塞罗那是智慧城市建设的典范。该市部署了智能传感器网络,运用 AI 技术实时收集交通、环境、能源等多方面数据。在垃圾处理方面,AI 系统通过分析传感器收集的垃圾桶满溢数据,合理规划垃圾清运路线,减少不必要的运输,降低运营成本。数据显示,引入 AI 管理后,巴塞罗那的垃圾清运效率显著提升,同时减少了能源消耗与碳排放。

在国内,雄安新区在规划建设过程中,充分运用 AI 技术打造智慧城市。雄安的城市大脑通过整合交通、能源、安防等多领域数据,实现对城市运行的全方位监控与管理。在交通管理方面,城市大脑运用 AI 算法实时调整信号灯配时,缓解交通拥堵,使主要路段的通行效率提升了 20% 以上。此外,在城市安防领域,AI 视频分析技术实时识别异常行为,助力警方快速响应,提升城市安全保障能力。

智能应急管理:提升风险应对能力

在面对自然灾害、公共卫生事件等突发事件时,快速响应与科学决策至关重要。人工智能技术通过对海量数据的分析,提前预测风险,辅助制定应对策略,提升政府应急管理的效率与精准度。

美国在飓风、洪水等自然灾害应对中,运用 AI 技术进行灾害预测与救援资源调配。AI 模型通过分析气象、地理等数据,提前预测灾害发生的时间、地点与影响范围,帮助政府提前做好防范措施。在救援阶段,AI 系统根据受灾区域的人口分布、道路状况等信息,优化救援物资分配与救援队伍调度,提升救援效率。

国内在疫情防控期间,大数据与 AI 技术发挥了重要作用。健康码系统运用 AI 技术分析个人行程、核酸检测结果等数据,快速识别风险人员,为疫情防控提供精准数据支持。此外,AI 算法通过分析疫情传播趋势,预测不同地区的物资需求,帮助政府合理调配医疗物资,提升疫情防控的针对性与有效性。

人工智能在政府治理领域的应用,推动了政府治理模式的创新,提升了治理效能。随着技术的不断发展,人工智能将在政府治理中发挥更大作用,助力打造更加高效、透明、智慧的政府,为社会发展和民生改善提供有力支撑。

小结

这一章我们看到了人工智能早已不是实验室里的"高冷技术",而是像空气一样渗透到我们生活的方方面面,悄悄改变着医疗、金融、教育、制造、交通甚至政府治理的每一个环节。我们沿着人工智能的应用轨迹,看到了它如何从技术蓝图变成触手可及的现实。

医疗：AI成为医生的"超级助手"

在医院里，AI是不知疲倦的"影像分析师"。上海联影的肺癌诊断系统能在3秒内分析CT影像，检出率比医生高出20%，让早期肺癌无所遁形；推想医疗的AI系统覆盖肺、心脑等多个领域，成为医生的"第二双眼睛"。在药物研发中，AI更是"效率担当"：英国BenevolentAI用几周时间锁定罕见病靶点，颠覆了传统研发耗时数年的困境；晶泰科技的AI平台快速筛选药物晶型，为新药研发按下"加速键"。个性化医疗时代，AI根据患者基因和病史定制治疗方案，比如Watson for Oncology让乳腺癌患者不良反应减少30%，让治疗更精准、更温暖。

金融：智能服务与风险防控双升级

打开手机银行，智能客服早已取代了漫长的排队等待——阿里小蜜每天处理数亿次咨询，"双11"期间响应速度毫秒级；百信银行的AIYA能感知客户情绪，解决率超过80%，金融服务24小时"在线不打烊"。在风险评估中，AI是金融机构的"安全卫士"：ZestFinance通过分析手机使用数据，让信用空白人群获得贷款，不良率降低40%；同盾科技的风控系统拦截欺诈申请，为银行守住"钱袋子"。量化投资领域，文艺复兴科技的Medallion基金用AI捕捉市场规律，年均回报率35%，展现了数据驱动的力量。

教育：每个人都是"VIP学生"

课堂上，AI让因材施教不再是梦想。松鼠AI智适应系统为每个学生绘制"知识地图"，精准推送学习内容，让数学学习效率大幅提升；Knewton根据答题时间和习惯动态调整难度，让学习像"私人订制"。遇到难题，作业帮拍搜秒级答疑，有道词典笔实时翻译，学习帮手随时在线。教育评估也更科学：科大讯飞的智慧教育系统记录课堂表现，生成个性化学习画像，让老师告别"凭经验教学"，真正做到"对症下药"。

制造与交通：效率与安全双飞跃

工厂里，AI是不知疲倦的"智能工人"。特斯拉超级工厂的机器人精准装配，提前预测设备故障，每年节省数百万美元；富士康的AI质检机器人让手机外观缺陷无所遁形，生产效率提升25%。交通领域，AI是"治堵高手"：新加坡的智能交通系统让主干道通行效率提高15%，杭州城市大脑缩短15%的通行时间；小鹏NGP、华为ADS让汽车学会"思考"，自动变道、泊车代驾，出行更安全高效。物流运输中，DHL和菜鸟网络用AI规划路线，降低空载率，让包裹更快到达消费者手中。

政府治理：城市变得更"聪明"

政务大厅里，"一网通办"让办事像网购一样便捷，企业开办从"数天"缩至"一天"；爱沙尼亚的数字政务让96%的人在线报税，耗时从"小时"减到"分钟"。智慧城市中,巴塞罗那的 AI 垃圾清运系统提升效率 30%,雄安新区的城市大脑让交通通行效率提升 20%,安全监控实时预警。面对疫情、灾害,AI 分析数据预测风险,调配资源,成为应急管理的"最强大脑"。

未来已来,AI 让生活更美好

从治病救人到日常出行,从学习工作到城市运转,人工智能用无数个"小改变"汇聚成巨大的"蝴蝶效应"。它不是为了取代人类,而是试图成为每个领域的"超级搭档",让复杂的事变简单,让低效的事变高效,让不可能的事变成可能。随着技术的进步,AI 将融入更多场景,或许我们正站在一个智能化的起点,但可以确定的是:这个充满想象力的未来,正在 AI 的助力下,一步步向我们走来。

第六章

双雄逐鹿：中美人工智能发展全景透视

在人工智能这场没有硝烟的全球科技竞赛中，中美两国犹如双引擎，各自轰鸣着驶向不同的技术高地，又在产业浪潮中频频交汇，共同改写着全球科技竞争的版图。作为全球在 AI 领域实现"全栈布局"的两个国家，两国既在芯片、大模型、算力等核心领域展开激烈角逐，也在技术落地、生态构建上呈现出截然不同的发展脉络，共同勾勒出人工智能时代的双峰图景。接下来，让我们深入了解中美两国在人工智能领域各自的发展之路，看看他们有哪些方面的不同。

中国之路：政策驱动与应用创新双轮并进

政策支持：为 AI 发展"保驾护航"

中国政府对人工智能的重视程度，就如同给其发展配备了一个超强力的助推器。从"十三五"规划首次将人工智能写入纲要,到党的二十大报告明确提出推动通用化和行业化人工智能开放平台建设,一系列政策如雪花般密集出台。2017年国务院印发了《新一代人工智能发展规划》,这一规划犹如为中国人工智能发展绘制了一幅宏伟蓝图,明确了到2020年人工智能总体技术和应用与世界先进水平同步,到2025年人工智能基础理论实现重大突破,部分技术与应用达到世界领先水平,到2030年人工智能理论、技术与应用总体达到世界领先水平,成为世界主要人工智能创新中心的战略目标。

为了实现这些目标,政府在资金支持上不遗余力。中央财政通过科技计划(专项、基金等)对符合条件的人工智能研究给予支持,引导地方政府、企业和社会资本加大投入。例如,在一些人工智能重点研发项目中,政府专项基金提供了项目启动资金的50%以上,为企业和科研机构开展相关研发工作注入了强大动力,就像给人工智能这棵幼苗源源不断地输送养分。在项目扶持方面,众多人工智能相关项目得以优先立项,获得政策倾斜。以国家重点研发计划"智能机器人"重点专项为例,该专项聚焦智能机器人基础前沿技术、共性技术、关键技术等研究,相关项目在审批流程上大大缩短,从申报到立项时间较普通项目缩短了约三分之一,如同在成长的赛道上为其设置了绿色通道。

在人才培养层面,政策鼓励高校开设相关专业,吸引更多优秀人才投身其中。教育部发布的相关政策,支持高校在计算机科学与技术学科下设置人工智能相关二级学科或交叉学科,推动人工智能领域一级学科建设。截至目前,国内已有超过300所高校开设了人工智能专业,每年为行业输送大量专业人才,为行业注入新鲜血液。这些政策全方位地为人工智能的发展营造了优良的环境,让其能够在一片沃土中茁壮成长。

数据资源:AI 发展的"超级宝藏"

中国拥有庞大的人口基数,这就好比拥有一个取之不尽、用之不竭的数据宝库。每天,从人们使用的各类移动应用,到电商平台的海量交易,再到交通出行、医疗健康等各个领域,都会产生天文数字般的数据。以电商行业为例,每年"双 11"购物狂欢节,各大电商平台产生的数据量简直超乎想象。2024 年"双 11"期间,全网销售总额达 14 418 亿元,同比增长了 26.6%。其中,综合电商平台(其中天猫不含点淘)总计销售额为 11 093 亿元,同比增长 20.1%,直播电商销售额为 3 325 亿元,同比上涨 54.6%,抖音领衔。这些交易背后产生了海量的消费者数据,涵盖了消费者的购物偏好、浏览记录、消费习惯等丰富信息。

人工智能就像一个聪明的"数据侦探",通过对这些数据的深度挖掘和分析,能够精准地洞察消费者的需求。电商平台借助人工智能,就如同拥有了一个贴心的私人导购,能够根据消费者的过往行为,精准地推荐商品。比如,消费者在某电商平台浏览过运动鞋,平台的人工智能推荐系统就会在首页展示各类相关运动鞋款式,以及运动袜、运动背包等配套商品,极大地提升了购物体验和销售效率。据统计,采用人工智能个性化推荐后,部分电商平台的商品点击率提升了 30% 以上,销售额增长了 20% 左右。这种海量的数据资源,是中国发展人工智能独一无二的优势,为技术的训练和优化提供了丰富的素材。

技术突破：在 AI 赛道上"加速奔跑"

在技术研发的赛道上，中国科研团队一路奋力疾驰，取得了众多令人瞩目的成果。人脸识别技术便是其中的典型代表，如今在中国，无论是机场、火车站的快速身份核验，还是小区门禁系统的安全保障，人脸识别技术都已广泛应用。它就像一个火眼金睛的卫士，能够快速、精准地识别人员身份，大大提高了通行效率和安全性。中国的人脸识别技术在准确率、识别速度等关键指标上，已然达到世界领先水平，这背后离不开科研人员在深度学习算法、计算机视觉等领域夜以继日的深入研究和持续创新。在一些大型机场，人脸识别系统的识别准确率高达 99% 以上，识别时间仅需 0.5 秒左右，极大地缩短了旅客的通关时间。

在自然语言处理方面，国内研发的智能翻译软件同样表现出色，能够实现多种语言之间的即时、准确翻译。想象一下，当你在国外旅行或者与外国友人交流时，只需轻轻一点手机，智能翻译软件就能跨越语言障碍，让交流变得顺畅无阻，仿佛为你配备了一个随行的专业翻译官。以某国内知名智能翻译软件为例，它支持超过 100 种语言的互译，在常见语言的日常交流场景中，翻译准确率达到 95% 以上，且能够实时语音翻译，为用户带来了极大的便利。

再看看其他领域，2024 年 8 月举办的"人工智能赋能高质量发展论坛暨人工智能百人圆桌会"上，发布了一系列人工智能成果。其中，新华 AIGC 应用智能平台为产业发展打造了重要的基础设施。它如同一个一站式服务站，提供专属大模型训练及应用开发服务，以独特的"云边端协同"架构,让客户获得可靠、灵活、安全且低成本的一体化智算服务。该平台已服务于多家媒体机构,帮助其实现内容创作的智能化,将新闻稿件撰写时间缩短了约40%。还有"天工开悟"农业大模型,整合了农业领域多源、多模知识,建立统一知识体系及大规模知识图谱,在与其他主流大模型的横向对比中,其在问答精准度、流畅度等10项技术指标中均表现优异,相关技术达到国际先进水平,能直接应用于实际农业生产,为农业智能化发展助力。例如,在某农业示范基地,使用"天工开悟"农业大模型后,农作物病虫害预测准确率大幅提高。这些成果充分彰显了中国在人工智能技术研发上的实力与突破。

产业发展:AI企业"百花齐放"

中国的人工智能企业如雨后春笋般纷纷涌现,从实力雄厚的互联网巨头,到充满创新活力的新兴创业公司,都在积极布局这一极具潜力的领域,共同构建起一片繁荣的产业生态。互联网巨头凭借自身庞大的用户基础和丰富的数据资源,在人工智能应用开发上具有得天独厚的优势。例如,阿里巴巴旗下的菜鸟网络,巧妙利用人工智能技术优化物流配送路径规划。以往,快递配送路线规划可能存在诸多不合理之处,导致运输时间长、成本高。而现在,借助人工智能,就像给快递运输装上了一个智能导航,能够综合考虑交通路况、包裹数量、配送地址等多种因素,规划出最优路线,使快递运输时间大幅缩短,让消费者能更快收到商品,大大提升了物流效率和用户体验。

众多新兴创业公司则专注于细分领域的创新,成为推动人工智能发展的新生力量。比如,一些专注于医疗影像诊断的人工智能企业,通过对 X 光、CT 等影像数据的智能分析，辅助医生更准确地诊断疾病，提高诊断效率和准确性。以往医生解读影像数据，可能需要花费大量时间仔细查看，还可能因主观因素出现误诊。而现在，这些智能诊断系统就像为医生配备了一名不知疲倦且极其精准的助手，能够快速分析影像，标记出可能存在问题的区域，为医生提供参考，大大减轻了医生的工作负担，也提高了医疗诊断的质量。在某三甲医院引入一款智能医疗影像诊断系统后，医生对肺部疾病的早期诊断准确率从 70% 提升到了 85%，诊断时间从平均 15 分钟缩短至 5 分钟左右。

人才培养：为 AI 注入"智慧源泉"

人才是科技创新的核心要素，中国在人工智能人才培养方面下足了功夫。各大高校纷纷开设人工智能相关专业，从本科到研究生阶段，构建起一套完善的人才培养体系。在本科阶段，学生们学习人工智能的基础理论知识，如机器学习、深度学习的基本算法，就像搭建一座房子要先打好地基一样。到了研究生阶段，则更加注重专业领域的深入研究和实践应用，学生们参与各种科研项目，锻炼解决实际问题的能力。截至目前，国内已有超过 300 所高校开设了人工智能专业，每年为行业输送数万名专业人才，为行业发展注入新鲜血液。

除了高校教育，社会上还涌现出许多人工智能培训课程和在线学习平台。对于在职人员来说，他们可以利用业余时间参加这些培训课程，学习最新的人工智能知识和技术，提升自己的职业技能。例如，某知名在线学习平台推出的人工智能工程师培训课程，涵盖了从基础算法到实际项目应用的全流程教学，吸引了数万名在职人员报名学习，许多学员在完成课程后,成功获得了人工智能相关岗位的晋升或跳槽到更具发展前景的企业。对于那些对人工智能感兴趣的人士,在线学习平台为他们提供了便捷的学习渠道,让他们能够随时随地开启人工智能的学习之旅。通过高校教育与社会培训的双轮驱动,中国不断壮大人工智能人才队伍,为行业的持续发展提供了坚实的人才保障。

中国在人工智能领域已经取得了令人骄傲的成绩,无论是政策支持、数据资源,还是技术突破、产业发展以及人才培养,都展现出强大的实力和巨大的潜力。在未来,随着各项因素的协同发展,中国人工智能必将在全球舞台上绽放更加耀眼的光芒,为人们的生活带来更多意想不到的改变。

美国模式:科技引领与生态构建协同发力

科技巨头与科研机构的强大引领

走进美国的科技圈,谷歌、微软、IBM 等科技巨头的名号如雷贯耳。这些巨头在人工智能研发上的投入,堪称"豪掷千金"。谷歌在人工智能领域的布局极为广泛,其开源的深度学习平台 TensorFlow,对全球人工智能发展影响深远。TensorFlow 提供了一套丰富的工具和库,开发者无需从头构建复杂的神经网络架构,就能快速搭建自己的模型。在图像识别领域,许多基于 TensorFlow 开发的应用表现卓越。比如,一款用于智能安防的图像识别系统,能够在复杂的监控画面中,精准识别出不同人物、车辆,甚至微小的异常物体,识别准确率高达

98％以上，极大地提升了安防监控的效率和精准度，如同给安防人员配上了一双永不疲倦的"千里眼"。在自然语言处理方面，谷歌的 BERT 模型同样基于 TensorFlow 开发，革新了自然语言理解任务。以往机器在理解文本语义时常常"一知半解"，BERT 模型却能深入理解文本的上下文语境，在文本分类、问答系统等应用中表现出色。例如，在智能客服场景下，使用 BERT 模型的客服系统能够准确理解客户问题，给出精准回复，客户满意度提升了 30％左右，仿佛让客服人员拥有了更强大的"语言智慧"。

微软同样在人工智能领域积极深耕。微软的小冰，作为一款知名的人工智能聊天机器人，已在全球范围内与数亿用户进行过交流。小冰不仅能流畅地与用户进行日常对话，还具备创作能力，如写诗、绘画等。在一次公开活动中，小冰创作的诗歌集出版发行，其诗歌风格多样，富有情感，展现了人工智能在艺术创作领域的潜力，就像一名多才多艺的"文艺青年"。微软还将人工智能技术深度融入办公软件，以 Excel 为例，通过智能数据分析功能，用户只需输入简单指令，Excel 就能自动对复杂数据进行分析，生成可视化图表，操作时间较以往手动处理大幅缩短，办公效率显著提升，宛如为办公族配备了一位高效的"数据助手"。

IBM 则专注于企业级人工智能解决方案，其 Watson 系统在医疗领域大放异彩。在肿瘤诊断中，Watson 能够快速分析患者的病历、基因数据以及大量医学文献，为医生提供诊断建议和治疗方案参考。在某医院的实际应用中，Watson 辅助诊断的肿瘤病例，诊断准确率较单纯依靠医生经验大幅提高，有效帮助医生做出更精准的决策，堪称医生的得力"医学智囊"。

再看高校科研力量，斯坦福大学、麻省理工学院等顶尖学府的科研团队，在人工智能的算法、理论等基础研究领域，不断深耕细作。斯坦福大学的科研团队在强化学习算法方面取得重要突破。强化学习旨在让智能体通过与环境交互，不断学习最优策略。斯坦福团队提出的新算法，在机器人控制场景中表现卓越。例如，训练机器人完成复杂的工业装配任务时，基于新算法的机器人能够在更短时间内学会操作流程，为工业自动化发展提供了关键技术支撑，如同为机器人注入了更聪明的"大脑"。麻省理工学院在人工智能伦理研究方面走在前列，深入探讨人工智能发展过程中的隐私保护、算法偏见等问题，为人工智能技术的健康发展提供理论指导。其研究成果促使许多科技企业在开发人工智能产品时，更加注重伦理道德准则，避免技术滥用，为人工智能的发展筑牢道德底线。

持续创新与技术突破

OpenAI 公司堪称美国人工智能持续创新的典范。自 2018 年推出 GPT-1 后，旗下的 GPT 系列产品一路"狂飙"，迭代升级速度惊人。GPT-1 模型参数相对较少，主要聚焦于基础的语言生成任务，如简单文本续写。随着技术的不断突破，GPT-2 模型在参数规模上大幅提升，具备了更强的语言理解和生成能力，能够生成连贯且逻辑清晰的长文本，在一些语言生成任务上表现远超同类模型。到了 GPT-3，模型参数更是达到了前所未有的规模，它不仅能根据给定主题创作高质量文章，还能理解多种自然语言指令，完成翻译、摘要生成等复杂任务。以翻译为例,GPT-3 在常见语言对的翻译中,准确率高达 90% 以上,流畅度也与专业人工翻译相当。而如今的 GPT-4,更是在多模态领域实现重大突破。它不仅在文本处理上表现卓越,还能理解和处理图像、视频等多种形式的数据。比如,给定一张包含复杂场景的图片,并提出相关问题,GPT-4 能够准确描述图片内容,并基于理解给出合理回答,就像一个拥有"超级感知"和"超级思维"的智能专家,在多个领域展现出强大实力。

这种快速创新的背后,是美国科研人员骨子里对技术的执着热爱,以及勇于探索全新路径的无畏精神。他们大胆尝试各种新算法、新架构和训练方法,在自然语言处理、计算机视觉等人工智能核心技术领域,持续斩获突破性成果,稳稳地将美国人工智能技术推向世界前沿。例如,在计算机视觉领域,一些科研团队提出新型神经网络架构,大幅提升图像识别准确率。在对海量自然图像数据集的测试中,采用新架构的模型识别准确率从 85% 提升至 92%,推动了自动驾驶、智能安防等众多依赖计算机视觉技术的产业迈向新高度。

多元化的应用领域

美国在人工智能的应用上,堪称"全面开花",尤其在军事、金融、科技等关键领域,表现格外亮眼。在军事领域,人工智能技术给无人机赋予了"智慧大脑"。美国军方研发的一些先进无人机,配备了先进的人工智能算法,能够在复杂战场环境下自主执行任务。在侦察任务中,无人机可利用图像识别和目标跟踪算法,自动识别并跟踪敌方目标,即便目标隐藏在茂密的丛林或复杂的城市环境中,识别准确率也能达到90%以上。在攻击任务中,无人机能根据战场实时态势,自主规划最优攻击路线,避开敌方防御火力,提高攻击成功率。例如,在某次模拟军事演习中,配备人工智能的无人机成功完成了对多个高价值目标的精确打击,作战效率较传统无人机提升了40%,大大提升了军事作战的效率和精准度,让作战行动更加高效、安全。

在金融领域,海量的金融市场数据就像一片波涛汹涌的"数据海洋",而人工智能则像一位经验老到的航海家,通过实时分析这些数据,能精准评估风险,制定投资决策。不少量化投资机构借助人工智能算法,就像拥有了一双能洞察市场变化的"火眼金睛",能快速捕捉稍纵即逝的市场变化,及时制定出巧妙的投资策略,帮投资者在复杂的金融市场里斩获更好的收益,堪称投资者的贴心"理财智囊"。例如,某知名量化投资公司利用人工智能算法,对全球股票、债券、期货等市场数据进行实时分析,构建投资组合模型。在过去一年里,该公司基于人工智能的投资策略,投资回报率达到15%,而同期市场平均回报率仅为8%,充分展现了人工智能在金融投资领域的优势。

雄厚的资金支持

人工智能的发展,离不开大量资金的"浇灌",而美国在这方面优势显著。从政府层面来看,对人工智能的投资逐年攀升。2024年,美国联邦政府通过《国家人工智能倡议法案》,全年政府投资约35亿美元。美国国防部在人工智能军事应用研发上也投入巨大,旨在提升美军在全球军事竞争中的优势。例如,投入大量资金用于研发人工智能驱动的战场态势感知系统,该系统能够整合卫星、无人机、地面传感器等多源数据,为指挥官提供实时、全面的战场态势分析,帮助其做出更明智的作战决策。宇航局则借助人工智能探索宇宙奥秘,投入资金研发用于天体图像分析的人工智能算法,能快速从海量天文图像中识别出未知天体、星际物质等,加速宇宙探索进程。国土安全部依靠人工智能增强国家安全防护,投资开发用于边境管控的人工智能监控系统,利用人脸识别、行为分析等技术,有效识别潜在安全威胁,保障国土安全。

同时,民间资本也对人工智能青睐有加,掀起投资热潮。截至2024年,已飙升至约400亿美元。大量风险投资涌入人工智能初创企业,助力其技术研发和产品推广。例如,一些专注于医疗人工智能的初创企业,在获得风险投资后,能够扩大研发团队,购置先进的医疗数据处理设备,加速产品研发进程。其中一家企业在获得投资后,成功开发出一款用于早期疾病筛查的人工智能软件,在临床试验中,该软件对某些疾病的早期检测准确率达到85%,为医疗行业带来创新解决方案。如此雄厚的资金支持,为美国人工智能企业和科研机构开展研发工作、招揽全球顶尖人才、购置先进设备等,提供了坚实有力的保障,助力人工智能技术加速发展。

完善的人才吸引与培养体系

美国的人才培养体系,从基础教育阶段就开始精心布局,着重培养学生对科学、技术、工程和数学的浓厚兴趣。学校通过丰富多样的实验课程、趣味科普活动等,激发学生对这些领域的好奇心和探索欲,就像在学生心中种下一颗颗科技的"种子"。许多小学会举办机器人编程兴趣班,让孩子们从小接触编程知识,通过搭建和编程控制简单机器人,培养逻辑思维和动手能力。中学阶段则开设更多进阶课程,如计算机科学原理、物理实验探究等,为学生进一步学习人工智能相关知识奠定基础。

到了高等教育阶段,高校更是提供海量丰富的人工智能相关课程和前沿研究项目。斯坦福大学开设了"深度学习""人工智能伦理与法律""机器人学"等一系列课程,从理论到实践,全方位培养学生的专业素养。在课程学习中,学生不仅要掌握人工智能的基础算法,还需参与实际项目,如利用深度学习算法开发智能图像分类系统。麻省理工学院的媒体实验室汇聚了来自全球的顶尖人才,开展众多前沿人工智能研究项目,如情感计算、人机协作等。学生在这些项目中,与行业专家密切合作,积累丰富的实践经验,培养出大量专业素养过硬的人才。

不仅如此,美国凭借自身强大的科研实力、优质舒适的生活环境以及广阔诱人的职业发展空间,像一块巨大的磁石,吸引着全球顶尖人工智能人才纷至沓来。例如,在硅谷的众多科技企业中,有超过30%的人工智能研发人员来自海外。这些来自世界各地的优秀人才,带着多元的思维和创新活力,汇聚在美国,为美国人工智能发展注入源源不断的新动力,形成了强大的人才汇聚优势,让美国在人工智能人才竞争中始终保持领先地位。

美国在人工智能领域凭借科技巨头与科研机构的引领、持续的技术创新、多元化的应用、雄厚的资金支持以及完善的人才体系,在全球竞争中脱颖而出,其发展模式和经验,值得深入研究与借鉴。

多维对比：中美人工智能发展路径差异

技术研发侧重点差异

中国在人工智能技术研发方面，更倾向于将技术与实际产业需求紧密结合，全力推动应用技术的创新与落地。就好比打造一把实用的工具，重点在于如何让这把工具在日常生活和生产中发挥最大作用。以制造业为例，中国的科研人员和企业致力于利用人工智能优化生产流程。通过在生产线上部署智能传感器，收集设备运行数据、产品质量数据等，再运用人工智能算法进行分析，实现生产过程的自动化控制和质量检测的智能化。比如一家汽车制造企业，借助人工智能技术对汽车零部件的装配过程进行实时监控，当检测到装配偏差超出标准范围时，系统能立即发出警报并自动调整装配设备，大大提高了产品质量和生产效率，就像给传统制造业披上了一件智能的"铠甲"，使其在全球市场竞争中更具优势。

美国在技术研发上，基础研究的底蕴深厚，更专注于探索人工智能的底层算法、理论模型等核心领域。这类似于建造一座高楼大厦，美国着重打造稳固的地基。在人工智能芯片研发方面，美国企业和科研机构投入大量资源，追求芯片计算性能的极致提升，以满足人工智能复杂算法对计算能力的高要求。像英伟达公司研发的人工智能专用芯片，在图形处理单元（GPU）技术上不断创新，其芯片的计算速度和并行处理能力在全球处于领先地位，为深度学习等人工智能算法的高效运行提供了强大的硬件支撑。在算法创新方面,美国的科研团队不断提出新的理论和方法,如在强化学习算法研究中,对智能体与环境交互的机制进行深入探索,为机器人控制、游戏策略制定等应用场景带来新的突破。

产业生态与企业发展模式

中国的人工智能产业生态呈现出多元化、规模化的繁荣景象。众多企业在不同领域积极布局,从基础技术研发、应用产品开发到行业解决方案提供,形成了完整的产业链条。互联网企业凭借庞大的用户基础和海量的数据资源,在消费级应用领域大显身手。例如,字节跳动旗下的抖音,通过人工智能算法对用户的兴趣偏好进行精准分析,为用户推荐个性化的视频内容,吸引了全球数十亿用户。新兴创业公司则聚焦细分行业的垂直应用创新,如一些专注于智能农业的企业,利用人工智能技术实现农田灌溉的智能控制、病虫害的精准监测与防治,为农业现代化发展注入新动力。这些企业相互协作、竞争,共同推动人工智能技术在各个行业的广泛应用,构建起充满活力的产业生态。

美国的产业生态以科技巨头为主导。谷歌、微软、亚马逊等科技巨头凭借雄厚的资金实力、顶尖的技术人才和丰富的市场资源,在人工智能的多个关键领域占据领先地位。例如,谷歌在搜索引擎、自动驾驶等领域,微软在办公软件智能化、人工智能云服务等方面,亚马逊在智能物流、智能语音助手等方面都取得了显著成就。同时,美国的初创企业也如雨后春笋般不断涌现,它们依托高校和科研机构的前沿技术成果，在新兴技术和应用领域大胆创新探索。一些专注于人工智能医疗影像诊断的初创企业，通过与高校科研团队合作，将最新的深度学习算法应用于医疗影像分析，为医疗行业带来创新解决方案，与科技巨头形成互补发展的良好态势。

人才与教育体系对比

中国在人工智能人才培养方面发展迅速，各大高校纷纷开设相关专业，为行业输送了大量专业人才。但在高端人才数量和人才结构的完善程度上，与美国相比仍存在一定差距。中国高校培养的人工智能人才，在应用技术领域的实践能力较强，但在基础研究和跨学科领域的复合型人才相对不足。例如，在人工智能算法的基础理论研究方面，能够深入开展原创性研究的高端人才数量有限。

美国的教育体系在全球范围内具有强大的吸引力，培养和汇聚了大量顶尖人工智能人才。从基础教育阶段开始，就注重培养学生对科学、技术、工程和数学的兴趣，为学生未来从事相关领域的学习和研究奠定基础。在高等教育阶段，高校提供丰富多样的人工智能课程和前沿研究项目，培养出的人才不仅在数量上具有优势，而且在质量和多样性方面表现突出。美国的人才涵盖了从基础研究到应用开发、从技术研发到产业运营等各个环节，形成了完善的人才梯队，能够更好地满足人工智能产业不同层次的发展需求。

政策支持与发展环境

中国政府高度重视人工智能的发展，通过制定一系列战略规划和扶持政策,为人工智能发展营造了良好的政策环境。从资金投入、项目支持到产业引导,全方位推动人工智能产业发展。设立专项基金为企业和科研机构的研发工作提供资金保障,对人工智能相关项目给予优先立项和政策倾斜,鼓励企业加大技术创新和应用推广力度。例如,对在人工智能领域取得重大技术突破的企业给予税收优惠和财政补贴,激发企业的创新积极性。

美国政府同样将人工智能视为国家战略重点,发布了一系列战略与政策,建立起完善的顶层规划体系。同时,美国在数据开放、知识产权保护等方面的政策和法规较为完善。丰富的数据资源为人工智能的研发和应用提供了有力支撑,而严格的知识产权保护制度则激励企业和科研机构加大研发投入,积极开展创新活动。例如,美国政府推动部分公共数据的开放共享,为人工智能企业的技术研发提供了丰富的数据素材;完善的知识产权保护体系确保了企业的创新成果得到有效保护,促进了创新活力的释放。

为了更直观地对比中美人工智能发展情况,我们通过表 6.1 总结。

表 6.1　　　　　　　　中美人工智能发展对比

对比维度	中　国	美　国
技术研发侧重点	侧重应用技术与产业结合	注重基础研究,追求底层技术突破
产业生态与企业模式	产业生态多元化、规模化,互联网企业与初创企业协同发展	科技巨头主导产业生态,初创企业创新互补

续表

对比维度	中　国	美　国
人才与教育	高校积极培养专业人才，但高端人才和人才结构有待优化	全球吸引顶尖人才，构建完善人才培养体系和梯队
政策支持与环境	政府全方位政策扶持，营造良好发展环境	完善战略规划，健全数据开放、知识产权保护等政策法规

小　结

在全球人工智能的竞技场上，中美两国以独特的发展路径和优势，共同撑起了技术创新的核心格局。中国凭借庞大的数据资源、政策的强力支持和应用驱动的产业生态，在人工智能落地实践中展现出强大爆发力。美国则依托深厚的科研底蕴、科技巨头的引领和全球化人才体系，持续占据基础研究与前沿技术的制高点。

中国的 AI 发展以"应用创新"为引擎，通过政策规划、资金扶持和高校人才培养构建起完整体系。政府从战略层面绘制发展蓝图，以专项基金、优先立项推动产学研协同。海量的消费、交通、医疗数据为算法训练提供沃土，使电商推荐、人脸识别、智能物流等应用快速普及。互联网巨头与初创企业协同发力，在媒体内容生产、农业病虫害预测等细分领域实现技术突破，展现出"场景驱动、快速迭代"的特色。

　　美国的 AI 优势则扎根于"基础研究"与"生态引领"。谷歌、微软等科技巨头通过开源平台和大规模研发投入，塑造全球技术标准。OpenAI 等创新企业不断突破大模型边界，推动人工智能向通用化发展。高校科研机构聚焦算法、伦理等底层研究，为技术演进提供理论支撑。同时，美国完善的风险投资体系和开放包容的人才政策，吸引全球资源汇聚，形成了"创新—资本—人才"的良性循环。

　　对比来看，中国的 AI 发展更侧重产业赋能，解决实际需求。美国则在算法、芯片等核心技术上持续深耕。两国在技术研发、产业生态、人才培养和政策环境等方面各有侧重，共同推动全球 AI 技术进步。未来，中美在人工智能领域的竞争与合作，不仅关乎两国科技实力的博弈，更将深刻影响全球 AI 技术的发展方向、应用边界和伦理规范。只有在竞争中相互借鉴、在合作中共享成果，才能加速人工智能技术普惠全人类，为社会发展创造更大价值。

第七章

商界领袖：AI 发展的未来图景

  在人工智能重塑世界的浪潮中，商界领袖们凭借敏锐的洞察力与丰富的实践经验，成为引领技术变革的关键力量。他们站在行业前沿，以独特视角审视 AI 发展，其观点不仅影响着企业战略布局，更折射出时代发展的深层逻辑。从中国的任正非、李开复到美国的马斯克、盖茨，这些商业巨擘对 AI 的认知既有共通之处，也存在显著差异：有人看到 AI 带来的无限机遇，坚信其将成为驱动产业升级的核心引擎；有人则对潜在风险保持警惕，呼吁建立健全监管体系。无论是技术研发的方向，还是商业应用的边界，他们的思考都如同灯塔，为 AI 发展照亮前行的道路。下面我们深入剖析这些商界领袖的观点，展现 AI 浪潮下的多元视角与思想碰撞。

中国商界领袖

任正非：AI 浪潮不可逆，但需以高质量数据筑基并直面社会变革

华为创始人任正非，凭借深邃的战略眼光与丰富的经验，多次分享对人工智能的独到见解，其观点深刻影响着行业认知与发展方向。

人工智能是不可逆转的时代潮流

任正非多次强调，"世界走向人工智能的潮流是不可阻挡的"。他指出，芯片技术突破与算力指数级增长，共同推动智能时代全面降临。这股浪潮如同当年英国工业革命发明火车、纺织机械和轮船，彻底改变人类社会发展轨迹，人工智能的广泛应用，正是这个时代极具标志性的转折点。

以工业炼钢为例，过去工人需在高温环境下手动操作、检测，工作艰苦危险。如今，人工智能深度融入，正如任正非所说："炼钢是很苦的，火很烤，现在炼钢炉前没有人，轧钢机前也没有人。以前要舀出钢水来检验钢铁的成分，现在戴眼镜就可以判断钢水是否合格。"人工智能不仅改善工人工作环境，还大幅提升生产效率与产品质量，推动传统工业转型升级。

在任正非看来，人工智能正全方位重塑各行业，为全球经济增长注入新动力，无论是传统制造业、交通运输业，还是现代医疗、教育、金融等领域，都将借助人工智能实现效率飞跃与服务升级，引领人类迈向智能新时代。

要正视人工智能带来的社会影响

任正非清醒地认识到,人工智能在带来利好的同时,也引发就业结构变革等挑战。大量重复性岗位被智能机器取代,引发社会对失业问题的担忧。

但他对此态度积极理性,认为从长远看,尽管人工智能降低人力需求,却能创造更多社会财富。"这个时代一定会降低对人力的需求,但是创造的总财富增加了,可以养活被裁掉的人。被裁掉的人不干活,少拿点钱,干活的人多拿钱。社会总价值由于技术进步是在增加,而不是在减少。"历史上每次技术变革都淘汰旧岗位、催生新职业,人工智能时代也不例外,AI算法工程师、数据标注员等新岗位涌现,对从业者技能提出更高要求,促使人们终身学习。

他还强调,解决这些社会问题需要多方协作。"我们作为技术专家,无法解决社会问题,可以促进技术进步,创造更多财富,社会怎么分配是政府思考的问题。"政府应引导产业升级、加强职业培训;企业要探索新业务模式、承担社会责任。个人则需树立危机意识,主动提升适应能力。

高质量数据是人工智能的基石

在人工智能应用GTS研讨会上,任正非提出"高质量的数据是人工智能的前提和基础,高质量数据输出要作为作业完成的标准"。在数据驱动的人工智能时代,数据如同智能机器的"燃料",缺乏优质数据,算法难以发挥潜力。

在任正非的理念中,高质量数据体现在高效、准确与针对性。及时上传的数据能让系统快速响应,为决策提供实时依据,如智能交通系统靠传感器及时上传数据优化交通；准确数据是精准分析与可靠预测的关键，像医疗 AI 辅助诊断依赖准确的患者数据给出科学建议；而针对性收集数据，能让人工智能为用户定制个性化服务，如智能家居系统依据用户习惯自动调节设备。

任正非对人工智能的见解，既精准把握技术趋势，又饱含对社会发展的关怀。他的观点不仅为华为发展指明方向，更为社会应对人工智能机遇与挑战提供了宝贵参考。

李开复：AI 开启第三次 IT 革命，挑战与机遇中的共赢未来

李开复，曾任职于苹果、微软、谷歌等科技巨头，后创办创新工场，如今投身零一万物专注 AI 领域的行业先锋，其对 AI 的见解在科技界备受瞩目。

AI 开启第三次 IT 革命，前景无限光明

李开复明确指出："当下我们正处于第三次 IT 革命的开端，由生成式 AI 引领的这一新时代，影响力将远超 PC 时代和移动互联网时代。"他认为，PC 时代电脑主要在办公室普及，移动互联网时代实现信息与人的随时连接，而 AI 时代"相当于把一个智商 300 的天才放到每个人身边"，让 App 比人更聪明。他还强调，近两年来大模型性能加速进步，"AI 已超越人类平均水平，预计在 2025 年有望超越博士水平，并在未来数年后迎来奇点爆发"。

2025 年：大模型落地与 AI 应用爆发元年

李开复认为，"2025 年将是大模型'落地为王'的元年，也是 AI-first 应用（离开大模型就无法存在的应用）爆发的关键一年"。随着模

型成本降低,加之 DeepSeek 的市场教育作用,AI 应用爆发条件成熟。他强调"AI 2.0 是有史以来最伟大的科技与平台革命",大模型正渗透各行各业,成为实体经济新动力。大模型推理成本"以每年降低 90% 的速度快速下降",更为应用爆发创造条件。

在技术层面,李开复提到:"Scaling Law 正从预训练阶段转向推理阶段,即慢思考模式。新的慢思考 Scaling Law 意味着模型思考时间越长,得出的结果越优质,且目前该模式下模型性能成长速度快,还有很大上升空间。"如今,"现在很大程度上已经不再单单依靠人来发明新算法、发明模型架构,而是 AI 借由慢思考具备了反思的能力,能够自我迭代、自我进步,AI 进入了自我演进范式"。

行业变革:"Human+AI"与"AI+Human"的递进之路

面对 AI 变革,李开复认为未来将历经"Human+AI"与"AI+Human"两个阶段。在"Human+AI"半自动阶段,"AI 如同哈利·波特的魔杖",人们应将 AI 当作特助、专家和伙伴。到"AI+Human"全自动阶段,人们要挖掘自身独特价值,此时"AI 如同力大无穷的灯神,但仍需听从'阿拉丁'(人类)的指挥"。

然而,AI 发展也面临挑战。李开复指出,"超大预训练模型直接商业价值在降低",其更多体现为"教师模型"角色。同时,AI 的广泛应用会引发就业结构调整,部分重复性工作岗位将被替代。

为此,李开复呼吁政府、企业和社会合力引导 AI 健康发展。政府应加强监管,保障数据安全;企业要融入伦理道德,创造新岗位;社会需普及 AI 知识,鼓励公众监督。李开复相信,尽管 AI 带来挑战,但更多的是机遇,各方协同合作,定能让 AI 更好地服务人类社会。

李彦宏：聚焦应用落地，警惕模型内卷。看好智能体，展望应用新生态

李彦宏，作为百度的掌舵人，在 AI 领域有着极为深刻且独到的见解。凭借对技术趋势的精准把控，他引领着百度在 AI 浪潮中破浪前行，为行业发展带来诸多前瞻性思考与实践探索。

早在 2013 年年初，深度学习刚兴起，"AI 难以盈利"的观点盛行，李彦宏毅然带领百度成立深度学习研究院，开启对 AI 的长期投入。2017 年，他正式宣布百度转型为人工智能公司，彰显出对 AI 发展的长远布局与坚定决心。

聚焦应用落地，警惕模型内卷

李彦宏始终强调 AI 应用的关键价值。在 2024 百度世界大会上，他发表《应用来了》主题演讲，明确指出："模型本身不产生直接价值，只有在模型之上开发应用，在各种场景找到产品市场契合点（PMF），才能真正产生价值。"他认为，2023 年行业聚焦"卷模型"，2024 年则进入探寻应用价值的关键之年。

早在 2023 年"百模大战"时，他就犀利指出："不断地重复开发各种各样的基础大模型，是对社会资源的一个极大浪费。"李彦宏坚信，AI 的生命力在于落地，成为商业化和日用化的工具。百度在专注大模型研发的同时，着重模型落地应用，2023 年便发布 10 余款 AI 应用提前布局。到 2024 年 11 月初，百度文心大模型日均调用量达 15 亿，相较一年前增长约 30 倍。李彦宏感慨"这个增速超出预期"，这条陡峭的增长曲线，印证了他对 AI 应用趋势的前瞻性判断。

在技术发展方向上,李彦宏提出"基座大模型两年更新一代就够了"的颠覆性观点,他认为这更有利于应用生态的稳定发展,避免开发者无所适从。在模型发展方面,他多次强调闭源模型在商业应用中的优势。

2025年Create2025百度AI开发者大会上,李彦宏发布文心大模型4.5Turbo和深度思考模型X1 Turbo,前者速度更快,价格下降80%;后者性能提升,价格再降50%。他表示:"多模态将成为未来基础模型的标配,纯文本模型的市场会越变越小,多模态模型的市场会越来越大。"

看好智能体,展望应用新生态

谈及AI应用的发展方向,李彦宏最看好智能体。他表示:"随着基础模型的日益强大,开发应用越来越简单,其中智能体开发最为简便,只需用自然语言把工作流描述清楚,再配以专有知识库,就能打造出很有价值的智能体,比互联网时代制作一个网页还简单。"

在2024世界人工智能大会上,他指出智能体是开发最简单的AI应用,"也是我们最看好的AI应用的发展方向"。他预测,各行业将基于自身场景开发数百万量级的智能体,形成庞大生态。例如百度高考智能体每天能回答超200万个考生问题,展现出智能体在实际场景中的巨大应用价值。

李彦宏对AI的理解与实践,从技术研发到应用落地,从模型发展到行业布局,都为行业发展提供了宝贵思路。他带领百度在AI领域的探索,也为推动AI技术造福社会持续贡献着力量,引领着行业迈向新高度。

马云：服务大众，向善而行共塑智能未来

马云，作为阿里巴巴的灵魂人物，在商业领域缔造了无数传奇，而他对新兴技术的敏锐洞察与深刻见解同样令人瞩目。在人工智能浪潮席卷全球之际，马云凭借其前瞻性思维，为 AI 的发展方向与价值实现提供了独特视角。

AI 应解放人类，而非取代人类

在 2025 年 4 月 10 日的阿里云新财年启动会上，马云着重指出："未来不是让 AI 取代人类，而是应该让 AI 解放人类，更懂人类，服务好人类。我们不是去追求让机器像人，而是让机器去理解人类，像人类一样去思考，做人类做不到的事情。"这一观点旗帜鲜明地阐述了他对 AI 发展目标的认知。在他看来，AI 不应成为人类的对立面，单纯地模仿人类行动，而是要深入理解人类需求，发挥机器在数据处理、复杂运算等方面的优势，完成那些对人类而言耗时费力、具有高风险或需要海量数据处理的任务，从而把人类从重复性劳动中解放出来，使人们能够将精力投入更具创造性、情感性和决策性的工作。

这一理念与当下部分科技公司盲目追求"通用人工智能"，试图打造与人类能力全面比肩甚至超越人类的机器形成鲜明反差。马云强调 AI 的价值在于切实解决实际问题，真正改善人类生活，为社会创造福祉，而不是陷入技术竞赛的漩涡，一味追求技术上的突破与超越。

科技服务大众，呵护人间烟火

马云多次在公开场合强调，高科技的使命不仅在于探索浩瀚宇宙、征服星辰大海，更在于扎根现实生活，呵护人间烟火，让科技成果

惠及每一个普通人。他认为："科技的意义是要让人类活得更好，活得更有意义，让所有的普通人从中受益。"在 AI 技术迅猛发展的当下，这一理念尤为重要。科技的进步不应成为少数人的专利，而应成为推动社会公平、提升全民生活质量的强大动力。

他进一步阐释道："现在很多科技公司都在追求炫酷的技术，比拼谁的大模型参数更多，谁的算法更复杂，但往往忽略了技术最终要服务于普通人的生活。想想我们身边的例子：AI 可以写诗作画，但更重要的是不是应该先帮农民预测天气、帮医生诊断疾病、帮老师批改作业？科技的发展方向，应该从普通人的实际需求出发，而不是一味追求技术上的'高大上'。"

让科技向善，引领时代走向善良的高科技时代

马云呼吁："希望我们所有人，阿里同事们，大家一起持续努力，把这个世界带到一个善良的高科技时代。"他深知科技本身并无善恶之分，关键在于使用者的意图和导向。在 AI 时代，技术的强大力量可能被用于造福人类，也可能带来负面效应。因此，从研发、应用到推广的每一个环节，都需要从业者秉持善良的初心，以确保 AI 技术朝着有利于人类社会发展的方向前进。

举例来说，在信息传播领域，AI 算法可以被用于精准推送虚假信息、制造舆论混乱，也可以通过智能筛选与推荐，为用户提供真实、有价值的资讯，帮助人们更好地了解世界、获取知识。而在公共安全领域，AI 监控技术既能用于侵犯公民隐私，也能通过智能预警与分析，有效预防犯罪、保障社会稳定。马云强调的"善良的高科技时代"，就是要引导科技从业者做出正确的选择，将 AI 技术用于创造积极的社会价值。

面向未来，积极拥抱 AI 时代的无限可能

马云对 AI 时代的未来充满期待，他认为："每一个时代都给了每一代人不同的际遇和挑战，但不是每一个人都能把握住这些机遇和挑战。从今天来看，未来 20 年的 AI 时代能带来的改变会超出所有人的想象，因为 AI 会是一个更加伟大的时代。"在他眼中，AI 具有重塑各个行业、变革社会运行模式的巨大潜力。

然而，马云也清醒地认识到，"AI 会改变一切，但这不代表 AI 能决定一切。技术固然重要，但是未来真正决定胜负的，还是今天我们为这个即将到来的时代做些什么真正有价值而又与众不同的事。"这意味着，在 AI 时代，人类不能过度依赖技术，而应充分发挥自身的主观能动性，以创新思维和人文关怀，引导 AI 技术与社会发展深度融合，共同创造一个更加美好的未来。

马云对 AI 的深刻理解，为行业发展提供了宝贵的思考方向。在 AI 技术日新月异的今天，他所倡导的"让 AI 解放人类、服务大众、走向善良"的理念，犹如一盏明灯，照亮了 AI 技术健康发展的道路，激励着更多从业者利用 AI 技术为人类社会创造更大价值，携手迈向一个科技与人文深度融合、充满无限可能的未来。

马化腾：把握机遇，理性前行

腾讯创始人马化腾，在互联网领域深耕多年，凭借敏锐的商业洞察力和前瞻性的战略眼光，引领腾讯不断发展壮大。面对人工智能这一新兴技术浪潮，马化腾有着深刻且独到的见解，其观点不仅影响着腾讯在 AI 领域的布局，也为整个行业的发展提供了重要参考。

AI 是百年不遇的重大机遇

马化腾多次在公开场合强调，人工智能是互联网发展史上百年不遇的重大机遇，其影响力堪比工业革命时期电的发明。他认为，AI 技术的发展将深刻影响互联网行业及其他众多领域，是未来十年最为关键的技术变革之一。在马化腾看来，AI 具备巨大潜力，能够在提高生产效率、改善用户体验、创新商业模式等诸多方面发挥重要作用。例如，在生产制造领域，AI 可通过优化生产流程、实现智能质检等，大幅提升生产效率与产品质量；在互联网服务方面，利用 AI 实现个性化推荐、智能客服等功能，能显著改善用户体验。他坚信，抓住 AI 发展机遇，对于企业乃至国家在全球竞争中抢占先机至关重要。

理性看待 AI 发展，避免盲目跟风

尽管马化腾认可 AI 的巨大潜力，但他也提醒企业要保持冷静和理性，切不可盲目跟风。他指出，当下有些公司为追求短期利益和提振股价，过于急躁地投身 AI 领域，却缺乏长远规划与对实际应用场景的深入考量。这种盲目跟风的行为不仅可能导致资源浪费，还极易造成投资失误。马化腾强调，企业领导者应具备长远眼光，结合自身实际情况与发展需求，制定合理的 AI 发展战略，高度重视实际应用和用户体验。只有如此，企业才能在 AI 领域的激烈竞争中立于不败之地。以腾讯自身为例，在 AI 发展进程中，其始终秉持稳健策略，深入探索 AI 技术与自身业务的融合点，如在社交、游戏、金融科技等核心业务中逐步引入 AI 技术，实现业务的智能化升级，而非盲目追逐热点，贸然进入不熟悉领域。

加大投入，积极布局 AI 生态

腾讯自 2016 年成立 AI Lab 以来，便坚定不移地加大在 AI 领域的投入。2023 年，腾讯发布自研大模型"混元"，并在 2024 年显著加大投入，迈入 AI 驱动的全新发展阶段。在 2024 年业绩会上，马化腾透露，在过去一两个月里，随着 DeepSeek 横空出世，腾讯积极在云业务、"元宝"（AI 应用）等方面拥抱 DeepSeek。他认为当下 AI 生态虽处于早期阶段，但应用大发展的契机已然来临，各企业应结合自身优势，积极落地 AI 生态。目前，腾讯已开启全域业务加速融合 AI 技术的进程，旗下系列产品如腾讯云、ima（AI 智能工作台）、元宝、腾讯文档等已密集接入外部模型 DeepSeek-R1，微信也开始接入 DeepSeek。此外，QQ 浏览器、腾讯地图、QQ 音乐、腾讯理财通、搜狗浏览器等也纷纷部署混元大模型与 DeepSeek-R1 模型，进一步扩大了 AI 服务的覆盖范围。

聚焦应用，助力行业变革

马化腾认为，随着智能体技术的不断发展，未来将涌现出更多 AI 相关工具，为各行各业带来广阔的想象空间。腾讯致力于将 AI 技术广泛应用于各个行业，推动行业变革与创新。在医疗领域，腾讯利用 AI 技术辅助疾病诊断、优化医疗影像分析，提升医疗服务的准确性与效率；在教育领域，通过 AI 实现个性化学习推荐、智能作业批改等功能，助力教育公平与质量提升；在智慧城市建设中，AI 技术被用于智能交通管理、城市安全监控等方面，提升城市运行效率与居民生活品质。

马化腾对 AI 的观点涵盖了对机遇的敏锐洞察、对理性发展的倡导、对技术应用的探索以及对社会责任的担当。对于企业和从业者把握 AI 发展脉搏、实现技术与社会的良性互动具有重要的启示意义。

张一鸣：锚定 AGI 新赛道，夯实技术根基

作为字节跳动的缔造者，张一鸣以其在互联网领域的卓越成就备受瞩目。在人工智能迅猛发展的当下，他凭借对技术趋势的敏锐嗅觉与高瞻远瞩的战略眼光，带领字节跳动在 AI 赛道积极布局，其对 AI 的深刻见解也逐渐明晰，为行业发展提供了重要思考方向。

紧抓 AGI 机遇，突破企业增长瓶颈

张一鸣直言，"AI 是重要机遇，字节跳动不能错过"，尤其强调通用人工智能（AGI）对字节跳动乃至整个互联网行业的关键意义。在 2023 年 4 月的公开信中，他指出字节跳动无法置身于 AGI 发展浪潮之外，因为 AGI 能够有效解决企业面临的第二曲线增长困境。在互联网行业竞争白热化、增长步伐渐趋平稳的现状下，AGI 如同开启全新增长大门的钥匙。它具备重塑业务模式、开拓新兴领域的巨大能量，能够助力企业突破现有天花板，实现跨越式发展。张一鸣坚信，谁能率先在 AGI 领域站稳脚跟，谁就能在未来的市场竞争中抢占先机，赢得主动权。

战略聚焦 AI，夯实技术发展根基

字节跳动对 AI 技术的重视程度极高，这背后离不开张一鸣的大力推动。2025 年 1 月下旬，字节跳动正式启动代号为"Seed Edge"的研究项目，专注于比预训练和大模型迭代更为长期、基础的 AGI 前沿探索，并拟定了 5 大研究方向。这一举措彰显了张一鸣长远的战略布

局,他深知基础研究是 AI 技术持续创新与突破的源泉。据接近字节跳动的人士透露,张一鸣不仅在战略层面为 AI 研究指明方向,还深度参与技术细节。他亲自研读最新学术论文,密切关注技术关键环节,与顶尖 AI 研究者频繁交流探讨。在他的引领下,字节跳动内部营造出浓厚的技术钻研氛围,团队成员积极投身 AGI 基础课题研究,为公司在 AI 领域的长远发展筑牢根基。

笃信"大力出奇迹",推动大模型进化

张一鸣秉持"大力出奇迹"的理念,对大模型发展前景充满信心。他认为,在 AI 大模型训练过程中,只要 scaling law 成立,即算力越大、数据越多,便能够孕育出更为强大的大模型。这一观点源于他对 AI 技术底层逻辑的精准把握。数据如同大模型的"养分",丰富的数据能让模型学习到更多知识与模式;算力则是模型训练的"引擎",强大算力为模型训练提供有力支撑。基于此,张一鸣坚定地推动字节跳动在数据收集整理和算力设施建设方面加大投入,期望借此打造出具有超强竞争力的 AI 大模型,在激烈的市场竞争中脱颖而出,占据技术制高点。

洞察 AI 变革,指引行业与就业走向

在内部会议中,张一鸣阐述了 AI 对各行业的广泛渗透与深远影响。当前,AI 已深度融入金融、医疗、教育、零售、制造和交通等众多行业,显著提升了工作效率,为人们的生活带来极大便利。例如,在金融领域,AI 助力风险评估与智能投顾;医疗行业中,AI 辅助影像诊断和疾病预测。他预测,未来三年内,随着算法不断优化、数据量呈爆发式增长,AI 智能化水平将进一步飞跃,在部分领域甚至超越人类专业能力。不过,这种发展态势也意味着一些重复性、低技能岗位将被 AI 替代。与此同时,张一鸣指出,新的就业机会也将随之涌现,如 AI 算法工程师、数据分析师等,这些新兴岗位更注重人的创新思维与情感理解能力。

他的观点为企业应对 AI 变革提供了策略参考,也为从业者指明了职业发展新方向,提醒人们提前做好准备,积极适应 AI 时代带来的行业与就业结构调整。

刘庆峰:自主可控是 AI 发展的根基,培养人才是 AI 发展的未来

科大讯飞董事长刘庆峰,凭借深厚的专业积累与丰富的实践经验,对人工智能有着独到且深刻的见解。他的观点不仅指引着科大讯飞的发展方向,更在行业内引发广泛关注与深入思考。

自主可控是 AI 发展的根基

刘庆峰明确表示,"2025 年,我最希望推动完全自主可控的通用人工智能生态体系建设"。在他看来,"没有自己的算力底座和技术生态,就等于在别人的地基上建高楼,随时可能塌",自主可控是 AI 发展的根基,也是中国在全球竞争中占据主动的关键。

他指出,当前国产大模型训练对进口算力依赖严重,除讯飞星火外,国内其他全民可下载的大模型多基于英伟达卡训练,存在极大风险。因此,他呼吁鼓励基于自主可控国产算力平台的大模型研发和应用。一方面,对投身国产算力芯片研发及使用国产芯片训练大模型的企业,给予资金专项支持与国家公共算力资源倾斜;另一方面,推动央国企优先采购基于国产算力平台的全栈自主可控大模型,并在能源、

金融等重点行业推广垂直应用。同时,刘庆峰强调要利用中国广泛的AI应用场景优势,形成"应用—数据优化—技术迭代"的数据飞轮,推动基于国产算力平台的生态体系建设。

双管齐下治理"幻觉数据"

随着生成式人工智能技术的快速发展与普及,"幻觉数据"风险日益突出。中国互联网络信息中心数据显示,2024年我国生成式AI用户规模达2.49亿人,大模型逻辑自洽性提升反而加剧了虚假信息传播的隐蔽性,形成"数据污染"恶性循环,威胁公众信任与社会稳定。

刘庆峰主张从技术和监管两方面着手治理。他提出构建安全可信数据标签体系,对数据可信度和危害程度进行动态更新标注,降低人工智能幻觉出现概率。同时,研发AIGC幻觉治理技术和平台,开展幻觉自动分析、深度鉴伪等工作,由相关部门定期清理幻觉数据,并为公众提供检测工具与服务,从源头遏制技术滥用。

刷新标准培育AI人才

刘庆峰敏锐地指出,"人工智能技术正重塑人才核心素养,AI技能成为未来公民必备能力"。他建议刷新AI时代的能力素质模型,将AI能力纳入新课标。具体包括梳理核心素养培养框架,创新人才选拔评价方法,如调整考试权重,70%闭卷考查基本知识,30%开卷考查运用AI工具的创新能力。

在教育体系优化上,刘庆峰提议梳理全学段课程体系和教学大纲,增加AI通识课,鼓励企业提供前沿资源。同时打造AI实验实训场景,出台建设标准,深化校企"AI产业学院"建设,通过开展全国性AI挑战赛等,让学生在实践中提升应用能力。

多维度应对就业冲击

刘庆峰关注到人工智能对就业市场的冲击。世界经济论坛报告预测,未来五年全球净增 7 800 万个岗位,但仍有 9 200 万个岗位面临替代风险。对此,他建议加强 AI 新职业规划与管理,梳理新岗位并强化认证,引导高校和职校调整人才培养计划,加强 AI 技能培训,尤其为低收入群体提供免费培训。

为保障就业稳定,刘庆峰提出构建"就业监测—预警—响应"全链条机制。建立"AI 就业动态监测平台",在制造业集聚区试点"失业风险预警系统",要求部署 AI 的企业提交社会责任报告。同时设置失业缓冲期,试点"AI 失业保障专项保险",引导保险机构开发商业 AI 失业保险产品。

刘庆峰对人工智能的见解,贯穿技术发展、风险防范、人才培养与就业保障等多个关键维度,展现出一位科技领航者对行业趋势的精准把握和对社会发展的责任担当,为我国人工智能产业发展提供了极具价值的参考。

沈南鹏:AI 发展需"算力+场景"双轮驱动,服务型与通用型 AI 重塑未来

作为红杉中国的掌门人,沈南鹏在投资界堪称传奇般的存在。凭借着超乎常人的敏锐投资眼光与对行业趋势的精准预判,他带领红杉资本在中国市场纵横驰骋,成功投资了众多极具影响力的企业。在人工智能这一重塑世界格局的前沿领域,沈南鹏以投资家的独特视角,对其现状与发展形成了深刻且独到的见解,这些观点不仅影响着资本

的流向,更为行业发展提供了极具价值的参考。

算力与场景的失衡:挖掘生活场景的 AI 价值

2021 年 7 月 8 日,在 2021 世界人工智能大会上,沈南鹏通过视频连线发表了令人深思的演讲。他敏锐地指出,在算力呈指数级增长的当下,生活场景下的数据挖掘仍存在巨大提升空间。沈南鹏形象地将"算力水平"和"应用场景"比作 AI 在生活领域的两条腿,生动地描绘出当时 AI 发展的不平衡状态。彼时,"算力"这条腿已十分粗壮,增长迅猛,从数据可见一斑:2020 年最大深度学习模型的参数是千亿级别,到 2021 年年初就跃升至万亿级别,这种爆发式的增长令人惊叹;然而,"应用场景"这条腿却相对较短且细,处于线性增长阶段。在人们日常的吃、穿、住、行等各个方面,虽然 AI 已有所涉足,但大量线上线下的细分场景仍亟待开拓。沈南鹏认为,AI 与居家生活结合得越紧密,挖掘出的生活场景越多,其产业价值就越大。他以红杉投资的一家智能健身企业为例,在疫情导致人们减少外出、公共健身设施使用受限的特殊背景下,这家企业推出的健身镜成为创新典范。健身镜借助个性化算法,能够根据用户的身体状况、运动目标和喜好,制定专属的训练计划与课程,让用户在家就能拥有专属贴身教练,实现科学健身。这一案例充分展现了 AI 在生活场景创新应用中所蕴含的巨大潜力与价值。

看好服务型 AI:助力民生领域革新

沈南鹏还十分看好服务型人工智能的发展前景。他以红杉投资的上海本地社区养老公司"福寿康"为例,详细阐述了服务型 AI 在改善民生领域的重要作用。"福寿康"积极探索嵌入更多人性化的智能感知服务，通过智能化检测设备，能够实时监测老人的身体状况，实现及时检测与智能诊断。同时，该公司以"护理站＋社区托养机构"的创新模式，精准对接居家老人与社区护理需求，为老人提供个性化医疗康复护理服务。这种将 AI 技术与养老服务深度融合的方式，不仅提升了养老服务的质量与效率，更为解决老龄化社会带来的养老难题提供了新的思路。在医疗领域，沈南鹏提到，当时 AI 应用较为成熟的领域是 AI 影像辅助诊断，通过对大量医学影像数据的分析，AI 能够帮助医生更准确地发现病灶，提高诊断效率和准确性。然而，在线问诊、健康管理等领域还处于探索阶段。沈南鹏对此充满期待，他渴望能出现更多解决"看病难"问题的阶段性产品，切实改善医疗资源分配不均、看病效率低下等问题。此外，他还极具前瞻性地预言未来人工智能在药物研发领域很可能带来新的突破，例如通过 AI 模拟药物分子结构，加速药物筛选过程，缩短研发周期，为攻克更多疑难病症带来希望。

通用型 AI：重构信息传递与企业价值

时光来到 2024 年 10 月 29 日，在全球投资界极具影响力的第 8 届未来投资倡议（FII）峰会上，沈南鹏将目光投向了通用型 AI 对人类信息和智慧传递方式的深远影响。他深入探讨后指出，随着通用型 AI 技术的兴起，人类迎来了解决诸多难题的契机。沈南鹏大胆设想，若每位知识工作者都配备一个 AI 代理，企业便能构建起一个由多样化信息和知识构成的代理网络。他强调："历史上首次，企业有机会将这些智慧与信息融合，形成一个统一体，不仅能够在团队成员间共享，还能实现跨代传承。企业的价值不只体现在资产负债表和品牌上，更在于跨代转移和转化智慧的能力。"在他看来,通用型 AI 的出现打破了传统信息传递和知识积累的壁垒,使得企业能够更高效地整合内部资源,实现知识的快速共享与创新。通过 AI 代理网络,新员工可以快速获取前辈积累的经验和智慧,避免重复劳动,加速成长;企业也能在传承中不断创新,保持竞争力。这种对企业价值新维度的思考,为企业在 AI 时代的发展战略提供了全新的方向,也让投资者看到了通用型 AI 在商业领域更广阔的应用前景和投资价值。

美国商界领袖

山姆·奥特曼:推动前沿研究,探索 AGI 实现路径

在人工智能的舞台上,山姆·奥特曼这位 OpenAI 的掌舵人以其极具前瞻性的观点与大胆的行动,成为备受瞩目的焦点人物。他对 AI 的见解,犹如一盏明灯,照亮了人们对这一前沿技术未来发展的探索之路。

超级智能:可能在"几千天内"降临

在一篇引发超百万次观看的名为《智能时代》的长文中,奥特曼提出了一个令人震撼的观点:超级智能有可能在几千天内实现。他坚信,人类正站在"智能时代"的入口,深度学习算法作为新时代的催化剂,正推动着我们快步向前。随着投入资源的增多,AI 将持续进化,尽管提升难度会逐渐加大,但进步的步伐不会停歇。

奥特曼认为,社会本身可被视为一种高级智能,其基础设施让人

类受益良多。而 AI 的出现，将为这一"人类进步的脚手架"增添新的支柱。想象一下，在不久的将来，每个人都能拥有一个由各领域虚拟专家组成的个人 AI 团队。他们能帮助我们完成如今难以想象的任务，从攻克复杂的科研难题，到创作触动人心的艺术作品。孩子们将拥有虚拟家庭教师，用任何语言、以任何速度提供任何学科的个性化指导，真正实现因材施教。在医疗领域，AI 将成为医生的得力助手，快速准确地分析病情，制定个性化治疗方案，甚至在药物研发上取得突破，攻克更多疑难杂症。

AI 能力、成本与价值的独特见解

从经济学视角出发，奥特曼对 AI 的能力提升、成本变化和价值创造有着深刻的洞察。他指出，AI 的能力提升与投入资源呈对数关联。这意味着，若想让 AI 的智能程度翻倍，资源投入需增加 10 倍。就像学生考试，从 60 分提升到 80 分相对容易，而从 80 分迈向 100 分则困难重重，但这并不阻碍 AI 持续进步的趋势。

基于过去两年 GPT 成本显著下降的事实，奥特曼判断 AI 的使用成本每年大约降低 10 倍。从 2023 年年初的 GPT-4 到 2024 年年中的 GPT-4o，单位成本降低约 150 倍。更低的使用成本必然会推动 AI 在更广泛的领域得到应用。无论是大型企业的智能化转型，还是小型创业公司的创新尝试，都能因低成本的 AI 技术而获得更多可能。这也意味着，AI 将不再是少数企业或机构的专属，而是真正走向大众，惠及全球各个角落。

同时，奥特曼认为 AI 的智能水平呈线性增长，而其为社会经济带来的价值却是超级指数型增长。他大胆预测，到 2035 年，每个人能够调用的智力资源将相当于2025年全人类智慧的总和。十年后,人人都将拥有一个超级大脑,这将极大地推动社会经济的发展,创造出前所未有的繁荣景象。

正视风险,积极应对挑战

尽管对AI的未来充满信心,但奥特曼也清醒地认识到其中潜藏的风险。在他看来,AI可能带领人类走向末日的概率虽不确定,但绝不是零。所以,人们更应该关注如何避免灾难,确保能安全、积极地面对未来。

AI系统中的偏见问题便是其中之一。奥特曼坦言,更难解决的是由谁来决定偏见和价值观的含义,毕竟人类本身就是充满偏见的生物,却往往不自知。不过,像GPT-4或之后的GPT-5这样的模型,不会存在人类的心理缺陷,总体来说会比人类表现得更公正。

当服务和AI结合时,个人隐私和数据安全也面临更高风险。OpenAI致力于将推理引擎从所需的海量数据中分离出来,把推理引擎作为独立的东西对待,以此降低隐私风险,保障用户数据安全。

在劳动力市场方面,奥特曼承认AI会带来重大变化,既有机遇也有挑战。但他认为大多数工作岗位的变化速度会比大多数人想象的要慢,并且他并不担心人们会无事可做。因为人与生俱来就有创造和相互帮助的欲望,AI将让我们前所未有地放大自己的能力,创造出全新的职业类别,改变工作的性质。

多元发展是大语言模型的未来格局

对于大语言模型的未来发展,奥特曼预测在众多模型中,少数将会胜出。他特别提到,中国将在这个领域扮演重要角色,孕育出具有本土特色的大语言模型。这一预见不仅彰显了中国在全球人工智能领域日益增长的影响力，也预示着未来技术发展的多元化趋势。他预计，未来将有 10 到 20 个大语言模型在全球范围内"存活"并发挥重要作用，这些模型将成为推动各行各业发展的关键力量，同时也将引发对技术伦理、数据安全和国际合作的全新思考。

奥特曼对 AI 的观点，既充满了对技术变革带来美好未来的期待，又有着对潜在风险的冷静思考。他的见解为我们描绘了一幅波澜壮阔的 AI 发展蓝图，也为行业参与者、研究者和普通大众提供了宝贵的思考方向，激励着人们在 AI 这条充满机遇与挑战的道路上不断探索前行。

黄仁勋：聚焦技术创新，降低 AI 计算成本

在当今科技界，英伟达 CEO 黄仁勋无疑是极具影响力的人物。他凭借对技术趋势的敏锐洞察与果敢决策，引领英伟达在 AI 浪潮中一骑绝尘，其对于 AI 的观点深刻且富有前瞻性，为我们勾勒出一幅 AI 驱动下产业巨变与全球科技格局重塑的壮阔图景。

AI：新工业与制造业革命的引擎

黄仁勋坚定地认为，AI 正引领着一场意义深远的新工业革命，同时也是制造业的革新风暴。他指出，AI 从本质上区别于以往的 IT，具备"自动化"能力，堪称首次有潜力真正增强数字劳动力、推动生产力飞跃的技术。它不仅颠覆了万亿美元规模的 IT 行业，更将对百万亿美元级别的广义经济体产生深远影响。

从技术范式来看，AI 实现了重大转变。过去计算机依靠人类手

动编写代码在 CPU 上运行,如今则是机器通过学习自行编写代码,并运行于英伟达发明的加速计算平台,借助 GPU 处理。而 AI 的生成过程,黄仁勋将其类比为一座"工厂"——AI 工厂。这种工厂规模庞大、耗电量惊人,输入能量后产出"token",这些"token"可转化为文字、图像、视频、用于药物研发的化学分子和蛋白质组合,甚至是驱动机器人或自动驾驶所需的运动技能等,一个全新的 AI 工厂产业正在蓬勃兴起。

在他的展望中,未来全球将陆续建起数十座规模达 1 000 兆瓦的 AI 工厂,每座工厂投资在 500 亿到 600 亿美元。AI 工厂将成为各个行业的新型基础设施,如同过去的能源基础设施和互联网信息基础设施一样,虽初期不被完全理解,但最终会成为不可或缺的存在,彻底改变金融服务、医疗健康、制造物流、零售电商、娱乐等几乎所有行业。

拥抱 AI:跨越技术鸿沟的机遇

在谈及 AI 对就业市场的影响时,黄仁勋直言每个工作岗位都将受到 AI 的冲击,有些岗位会被取代,同时也会诞生新的岗位,但没有岗位能置身事外。短期内,或许 AI 不会直接顶替人们的工作,可熟练运用 AI 的人却能取代那些忽视它的人。

他以自身经历为例,强调 AI 是缩小技术鸿沟的绝佳契机。全球计算机技术发展至今,仅有约三千万人精通编程并从中受益,形成了巨大的技术鸿沟。而 AI 的出现改变了这一局面,它能以多种方式与使用者交流,无论是绘图、说话还是书写模糊的指令,甚至可以指导不会编程的人编程。黄仁勋自己每天都借助 AI 学习新知识,先让 AI 以"给 12 岁小孩讲解"的方式科普,再逐步深入专业的博士水平。他呼吁所有人都应积极拥抱 AI,学生把 AI 当作导师,每个人都充分利用 AI 的潜力,避免成为被时代淘汰的人。

物理 AI:开启下一波浪潮

回顾 AI 发展历程,黄仁勋指出,现代 AI 的爆发始于 14 年前 AlexNet 带来的计算机视觉突破,最初的 AI 浪潮聚焦于感知 AI,之后发展到能够理解信息含义并翻译的生成式 AI。

而当下,AI 正迈向新的阶段——物理 AI。智能不仅需要理解和生成内容,还需要解决问题,通过运用推理,应用过去学到的规则、定律和原则来应对全新的情况。物理 AI 涵盖对物理定律、摩擦力、惯性和因果关系等基本概念的理解与推理能力,当将物理 AI 融入机器人时,便构成了机器人技术。

黄仁勋期待在未来十年,随着新一代工厂的建设,高度自动化的工厂将借助物理 AI 和机器人技术,有效缓解全球劳动力短缺的难题。

全球 AI 竞争:人才、应用与合作

在全球 AI 竞争的大棋盘上,黄仁勋有着清晰的认知。他认为,AI 竞争存在三个关键层次:最底层是智力资本,值得注意的是,全球一半的 AI 研究人员来自中国,这凸显了人才在 AI 发展中的关键地位;第二层是能源,为 AI 运算提供动力支持;第三层是应用,决定了 AI 技术能在多大程度上推动社会经济发展。

他提醒,上一次工业革命的赢家并非技术发明者,而是像美国这样能快速大规模应用技术的国家。因此,在 AI 竞争中,应用层面的发力至关重要。

面对中美之间的 AI 竞争态势,黄仁勋多次强调中国在 AI 领域的强劲实力。他表示中国在 AI 领域"并不落后"于美国，双方差距极小，华为更是全球最强大的科技公司之一，在计算技术、网络技术和软件能力方面实力强劲，具备推动 AI 发展的关键能力。

他指出，中国 AI 市场潜力巨大，未来两到三年规模可能达 500 亿美元，美国企业若无法参与将是巨大损失，因为这不仅意味着错失收入和税收，还会影响美国国内大量就业岗位的创造。他希望美国企业保持敏捷，积极参与全球 AI 竞争，同时呼吁美国政府制定合理政策，以维持美国在 AI 市场的领先地位。

黄仁勋深知全球化背景下合作的重要性。尽管美国政府出台了一系列针对中国的 AI 芯片出口管制政策，给英伟达等企业带来诸多挑战，但他依然坚定地认为，限制几块 GPU 无法改变一个国家的军事实力，却可能导致美国丧失全球技术标准的主导权。如果美国企业自行退出中国市场，像华为这样极具竞争力的科技公司必然会迅速填补空缺。

黄仁勋对 AI 的见解，融合了对技术变革的深刻理解、对产业发展的长远规划以及对全球科技格局的清晰判断。在他眼中，AI 不仅是驱动产业升级与创新的核心力量，更是跨越技术鸿沟、促进全球合作的重要契机，而英伟达也将在这场 AI 革命中持续扮演关键的推动者角色。

埃隆·马斯克：AI 发展迅猛，风险不容忽视

埃隆·马斯克凭借特斯拉在电动汽车领域的颠覆性创新以及 SpaceX 对太空探索边界的不断突破，成为全球科技界的领军人物。

这位极具传奇色彩的企业家,不仅在实业领域成绩斐然,对人工智能的发展也有着深刻且独到的见解。马斯克多次在公开场合表达对AI的关注与思考,其观点围绕潜在风险、监管需求、开源价值等核心议题展开,引发了科技界乃至全社会的广泛讨论。

警示AI威胁:超级智能的失控风险

马斯克始终将AI视为高悬于人类文明头顶的"达摩克利斯之剑",直言其危险性远超核武器。他曾在世界人工智能大会上疾呼:"AI是人类文明面临的最大威胁之一,我们需要对其保持高度警惕。"在他看来,随着机器学习算法的迭代升级与深度学习模型的不断进化,AI系统正以指数级速度提升能力,一旦AI的发展脱离人类掌控,其可能产生的后果将不堪设想。

现实中,AI在医疗诊断、金融分析等领域已展现出超越人类的能力。例如,AI医疗诊断系统能够在短时间内分析海量的医学影像数据,精准识别病灶,其诊断效率和准确率甚至超过了部分专业医生;在金融市场,AI算法可以实时分析全球经济数据和市场动态,进行高频交易决策。但这些能力的背后也隐藏着巨大风险,一旦AI系统的目标设定出现偏差,或是被恶意利用,就可能会导致医疗误诊泛滥、金融市场崩溃等严重后果。马斯克担忧,当AI发展到超级智能阶段,其决策逻辑和行为模式将难以被人类理解和预测,人类社会的伦理道德、法律秩序都可能受到冲击。

呼吁全球监管:划定AI发展的安全边界

面对AI的快速发展,马斯克敏锐地察觉到当前监管体系的滞后性。他形象地将缺乏监管的AI发展比作"在没有交通规则的道路上驾驶",强调全球各国政府和科技界必须联合起来,制定科学有效的AI监管政策。"AI的发展不能处于无序状态,我们需要建立一套规则,确保它始终服务于人类的利益。"马斯克在一次访谈中如是说。

从全球范围来看,不同国家和地区对AI的监管策略存在显著差异。欧盟以严格的立法著称,其颁布的《人工智能法案》对高风险AI系统制定了详细的规范,涵盖数据质量、算法透明度、系统安全性等多个维度;美国则更倾向于在保障国家安全和公民权益的基础上,鼓励AI技术创新,为企业营造宽松的发展环境。马斯克认为,这种监管差异容易造成监管漏洞,他呼吁建立统一的国际AI监管框架,平衡技术创新与风险防控,避免因监管缺失导致AI技术被滥用。

推动开源发展:构建透明安全的AI生态

马斯克积极倡导开源AI项目,将其视为降低AI风险、促进技术健康发展的重要路径。他坚信,开源能够吸引全球开发者共同参与AI研发,打破技术垄断,提升AI技术的透明度和安全性。"开源让AI技术的发展置于公众监督之下,每个人都可以为其贡献力量,也能及时发现潜在的问题。"马斯克在开源AI峰会上分享道。

在图像识别领域,众多开源AI项目通过全球开发者的协作,不断优化算法,使得图像识别的准确率大幅提升;自然语言处理方面,开源模型如GPT系列的开源版本,为研究者和开发者提供了宝贵的技术基础,加速了语言交互技术的发展。开源模式不仅推动了技术进步,还促进了AI知识的共享与普及,让更多人能够参与到AI技术的创新中来,共同构建一个更加安全、透明的AI生态系统。

基于对AI发展趋势的深刻洞察,马斯克做出大胆预言:到2025

年年底，AI 的智力水平将超越任何单独的人类个体；2027—2028 年间，AI 的整体智力有望超越全人类；而到 2030 年，这一趋势几乎不可避免。这些预言虽然充满争议，但也引发了人们对 AI 未来发展的深入思考。

马斯克对 AI 的看法既体现了对其强大潜力的认可，也饱含着对潜在风险的深刻忧虑。他的观点和预言为科技界、政府和社会公众敲响了警钟，促使人们在拥抱 AI 带来的便利与进步的同时，更加审慎地思考如何引导 AI 健康发展，确保这一强大技术始终服务于人类社会的福祉。

比尔·盖茨：AI 发展远超预期，同时带来了机遇与挑战

比尔·盖茨始终站在科技的前沿，以其敏锐的洞察力和前瞻性的思维，见证并推动着诸多技术变革。从微软的创立开启个人计算机普及浪潮，到如今投身慈善事业并关注全球科技发展，他对人工智能的见解尤为引人瞩目。盖茨认为，AI 是自计算机诞生以来最大的革新，将深刻改变人类生活的方方面面。

AI 开启了全新的时代

盖茨毫不吝啬对 AI 的赞美："AI 的发展与微处理器、个人电脑、互联网和移动电话的创造一样具有基础性意义。它将改变人们工作、学习、旅行、获得医疗保健和相互交流的方式。企业将通过其使用 AI 的方式来区分自己。"在他看来，AI 带来的变革是全方位且深入的。

在工作场景中，盖茨预言："在接下来的十年里，AI 将彻底改变我们工作的方式。"以办公软件为例，如今集成 AI 功能的软件能够根据

用户的写作风格自动补全句子、检查语法错误,甚至能依据需求快速生成报告大纲,极大地提升了办公效率。而在未来,AI或许会承担更多复杂任务,像项目策划、数据分析等,让员工从繁琐的基础工作中解放出来,专注于更具创造性和战略性的事务。

教育领域也将因AI发生翻天覆地的变化。盖茨指出:"个性化AI导师将根据你的兴趣、目标和学习风格量身定制教学内容。"想象一下,学生拥有专属的AI学习伙伴,它能精准把握学生的知识薄弱点,提供个性化的学习计划和辅导,帮助学生更高效地掌握知识。这不仅能提升学习效果,还能让教育更加公平,因为即使偏远地区的学生也能享受到优质的个性化教育资源。

医疗保健方面,AI同样前景广阔。"AI将迅速加速医学突破。"盖茨说道。AI可对海量的医疗数据进行分析,辅助医生更精准地诊断疾病。例如,通过对医学影像的分析,AI能够快速检测出早期的癌症病变,为患者争取宝贵的治疗时间。

在疾病预防上,AI能依据个人的生活习惯、基因数据等预测患病风险,提前给出预防建议。

智能体改变计算机交互模式

早在1995年,盖茨在《未来之路》一书中就对智能体展开了思考,他认为,在不久的将来,任何上网的人都将拥有个人助理,背后支持它的人工智能将远远超出当今的技术。智能体不仅会改变每个人与计算机交互的方式,它们还将颠覆软件行业,带来一场从键入命令到点击图标以来最大的计算革命。

"未来的顶级AI助理将颠覆现有互联网使用方式,替代人们执行某些任务，取代搜索引擎和购物网站。"盖茨在出席一场 AI 活动时表示。如今，我们已经能看到这一趋势的端倪，智能语音助手能快速理解用户指令，完成查询信息、预订机票酒店等操作；购物平台的 AI 推荐系统，依据用户的浏览和购买历史，精准推送心仪商品，让购物变得更加便捷高效。在未来，智能体或许会成为人们生活中不可或缺的"数字管家"，统筹管理各项事务，进一步提升生活的便利性。

正视风险，确保 AI 安全可控

尽管对 AI 的前景充满信心，但盖茨也清醒地认识到其中潜藏的风险。"AI 的风险是真实的，但也是可控的。"他多次强调，AI 公司需要以安全和负责任的方式工作。

隐私保护是首要问题。随着 AI 对数据的依赖程度越来越高，如何确保用户数据不被滥用至关重要。例如，在智能家居场景中，AI 设备收集了大量用户的生活数据，一旦泄露，就将对用户隐私造成极大侵害。"AI 模型需要反映基本的人类价值观，减少偏见，最大限度地扩大其利益，并防止该技术被犯罪者或恐怖分子滥用。"盖茨指出，像人脸识别技术，如果训练数据存在偏差，可能导致对某些特定群体的识别准确率降低，甚至出现歧视性结果。此外，恶意利用 AI 进行网络攻击、制造虚假信息等行为也不容忽视，如深度伪造技术可能被用于制作虚假视频，误导公众，扰乱社会秩序。

为应对这些风险，盖茨呼吁政府与企业合作管控，制定规则限制风险，确保人工智能造福人类。他认为，需要建立一套完善的监管框架，从技术研发、数据使用到应用场景等各个环节规范，让 AI 在安全的轨道上发展。

让 AI 惠及全球

盖茨基金会在 AI 领域的一个优先事项是确保这些工具用于影响世界上最贫穷的人们的健康问题,包括艾滋病、结核病和疟疾。盖茨强调,世界需要确保每个人,而不仅仅是富人,都能从人工智能中受益。

在全球范围内,不同地区在数字基础设施、技术应用水平等方面存在巨大差距。如果 AI 技术发展的成果仅被少数发达地区和富裕人群享有,将进一步加剧全球发展的不平衡。因此,盖茨希望通过慈善和技术推广,帮助落后地区提升数字能力,接入 AI 发展的快车道。例如,在一些非洲国家,通过引入基于 AI 的医疗诊断系统,能够弥补医疗资源不足的问题,让更多患者得到及时准确的诊断和治疗。

盖茨对 AI 的观点为我们勾勒出一幅充满机遇与挑战的未来图景。AI 的发展既蕴含着提升人类生活质量、推动社会进步的巨大潜力,也需要我们谨慎应对风险,确保其安全、公平、可持续地发展。

蒂姆·库克:以人为本,创新领航

蒂姆·库克这位苹果公司的掌舵人,以其独特的视角与深远的战略眼光,对人工智能的发展形成了一系列深刻见解。他的观点,既彰显了苹果对 AI 技术的积极拥抱,又坚守着以用户为中心、注重隐私与道德的发展理念。

AI 重塑产品体验的核心力量

库克坚信,AI 是重塑苹果产品用户体验的关键所在,将全方位革新用户与设备的交互模式。"AI 将会逐渐改变用户与手机、平板电脑和笔记本电脑等设备的交互方式,从而彻底重塑这些产品。"他如此说道。以苹果在 2017 年推出的神经引擎为例,这一内置在产品中的重要组件,使得设备能够在图像识别、面容 ID 解锁等功能上实现快速且精准的运算,为用户带来流畅且智能的体验。随着 AI 技术的持续精进,Siri 在 iOS 18.1 系统中获得了 AI 加持,能够更好地理解上下文,处理复杂问题,在文本和语音命令间灵活切换,朝着成为用户贴心智能助手的方向大步迈进。库克本人就是 AI 技术的忠实用户,他利用苹果智能技术对邮件进行总结与优先级排序,每天处理大量邮件时,能够迅速聚焦关键信息,工作效率得到显著提升。

库克还强调,AI 将为苹果产品带来更多个性化体验。他展望未来,每个用户都能借助 AI 获得专属的使用体验,无论是设备的设置、应用的推荐,还是内容的呈现,都能精准契合个人需求与偏好。例如,通过对用户日常使用习惯、浏览记录、娱乐喜好等多维度数据的分析,AI 能够为用户量身定制音乐播放列表、推荐契合口味的书籍与电影,甚至根据用户的学习和工作需求,智能调整设备的性能与功能。

不追风口,只求卓越

在竞争激烈、日新月异的 AI 领域,外界不少声音认为苹果的步伐不够迅速,落后于部分竞争对手。但库克对此有着清晰且坚定的认知:"我们在 AI 方面并非第一个,但我们以最适应客户的方式来做。"苹果并不盲目追求成为 AI 领域的先行者,而是将重心置于为用户打造极致体验,推出真正卓越且能为人们生活带来实质贡献的产品。

库克指出,做到真正出色需要时间的沉淀,需要对产品进行持续迭代,对每一个细节予以高度关注。"有时这确实需要更长的时间,但我们认为这是值得的。"他补充道。在苹果内部，若询问100个人，所有人都会坚定地表示："我们追求的是成为最好的。"以Apple Intelligence功能为例，尽管其推出时间相对较晚，但库克坚信，随着这一功能在未来逐步完善并面向用户全面开放，它将为用户带来深远影响，显著提升用户在使用苹果产品过程中的便捷性与智能交互体验。

隐私与道德是不可逾越的底线

在AI蓬勃发展的进程中，数据隐私与道德问题日益凸显，成为行业发展的重要考量因素。库克对此极为重视，他多次强调，苹果在AI技术研发与应用过程中，将始终把用户隐私保护置于首位。苹果的AI技术设计旨在最大限度减少对用户数据的收集与传输，许多AI功能都能够在设备端直接完成运算，避免用户数据在网络中流转带来的隐私风险。"我们看待隐私，是将其视为一项基本人权。"库克表示，在AI时代，这种对隐私的尊重与保护愈发关键。

在道德层面，库克认为AI技术应当被用于积极有益的方向，助力人类解决实际问题，提升生活质量，而非被滥用。苹果致力于确保其AI技术符合道德规范，避免出现算法偏见等问题，保证技术公平、公正地服务于每一位用户。例如，在图像识别、语音识别等AI应用场景中，苹果通过优化算法与数据筛选，确保不同肤色、性别、年龄的用户都能获得精准且一致的服务体验。

携手共进，探索多元应用

库克深知AI技术的强大潜力，苹果积极与各方展开合作，探索AI在更多领域的应用可能。在医疗健康领域，苹果借助AI技术助力健康监测与疾病预防。苹果手表能够通过AI算法持续监测用户的心率、睡眠状况等健康数据,一旦发现异常,就及时向用户发出预警,为用户的健康保驾护航。库克期望未来AI能够在疾病诊断、药物研发等环节发挥更大作用,携手医疗专业人员,共同攻克更多医学难题。

苹果与OpenAI等公司在某些项目上展开合作,借助各方优势,推动AI技术的创新与应用。同时,库克也明确表示,苹果与OpenAI的合作并非独家,未来可能会与更多优秀的AI企业开展合作,引入多元技术,为用户带来更丰富、更优质的AI体验。

小 结

本章通过梳理中美商界领袖对人工智能的看法,展现了AI发展进程中多元且深刻的思考维度。

中国商界领袖中,任正非强调AI发展不可阻挡,需以高质量数据为基础,同时理性看待其对就业结构的冲击;李开复认为AI开启第三次IT革命,2025年将是大模型落地与应用爆发的关键之年;李彦宏聚焦应用落地,警惕模型内卷,看好智能体的发展前景;马云倡导AI应解放人类、服务大众,让科技向善而行;马化腾认为AI是百年不遇的机遇,企业应理性布局、积极拥抱;张一鸣强调紧抓AGI机遇,通过加大投入推动大模型进化;刘庆峰主张自主可控是AI发展的根基,需多维度应对就业冲击;沈南鹏指出AI发展需"算力+场景"双轮驱动,服务型与通用型AI将重塑未来。

美国商界领袖方面,山姆·奥特曼预测超级智能可能在"几千天内"实现,同时关注 AI 风险与大语言模型的多元发展;黄仁勋将 AI 视为新工业革命的引擎,强调技术创新与降低计算成本,重视全球 AI 竞争中的应用与合作;马斯克警示 AI 威胁,呼吁全球监管,倡导开源发展;盖茨认为 AI 将全方位改变人类生活,需在发展中平衡机遇与风险,确保技术惠及全球;蒂姆·库克以用户为中心,注重 AI 在产品体验、隐私保护与道德规范方面的平衡发展。

这些观点共同勾勒出 AI 发展的复杂图景:机遇与挑战并存,技术创新与伦理规范并重。商界领袖们的思考不仅为企业战略决策提供方向,也为社会各界应对 AI 变革提供了宝贵借鉴。未来,人工智能的发展需要持续汇聚多元智慧,在创新探索中坚守责任,在技术突破中兼顾人文关怀,方能实现 AI 与人类社会的和谐共生,让这一技术真正成为推动文明进步的强大力量。

第八章

科技巨头：AI 战略性布局与实践

在人工智能重塑世界的浪潮中,科技巨头凭借不同的战略布局抢占高地。中国企业如华为、百度等,依托本土市场与技术积累,在全栈生态、模型创新等领域发力;美国企业如英伟达、微软等,凭借前沿技术和全球化视野,在芯片、软件与行业应用中占据优势。这些巨头的布局各具特色,深刻影响着 AI 技术发展方向与产业格局。它们如何运用自身优势？又将为 AI 未来带来怎样的变革？

中国科技企业

华为：构建全栈 AI 生态,赋能千行百业

在全球人工智能竞争浪潮中,华为凭借全栈全场景战略,构建起覆盖芯片、框架、平台到行业应用的完整 AI 生态体系,成为推动产业智能化转型的核心力量。

自研芯片筑基,打造算力双引擎

早在2018年,华为就发布昇腾910和昇腾310两款AI芯片,形成"训练+推理"的算力组合。昇腾910采用7nm制程,半精度算力达256TFLOPS,较英伟达V100提升一倍,支撑大规模模型训练;昇腾310以8W低功耗实现半精度算力8TFLOPS,适配边缘计算场景。

到了2025年,昇腾芯片持续进化并广泛商用。在智能安防领域,基于昇腾310的边缘设备能实时分析视频流,精准识别异常行为,如人员闯入、烟火检测等,助力城市安防体系智能化升级。昇腾910则在科研机构中用于生物基因序列分析、气候模拟等复杂计算任务,加速科研进展。华为昇腾芯片已成为行业重要的算力基石,支撑起从边缘到数据中心的多样化AI应用。

全栈技术布局,构建开放生态

华为构建"芯片—框架—平台"全栈技术体系:CANN算子库与MindSpore框架实现端边云协同开发,使NLP网络开发效率提升50%;ModelArts平台提供全流程AI开发服务,支持超10万开发者共建生态。这种分层解耦架构既保障技术自主性,又通过开源开放吸引全球开发者,形成良性创新循环。

当下,MindSpore框架不断迭代,其最新版本在分布式训练性能上再次提升,支持大规模集群训练,降低训练成本。ModelArts平台新增多项功能,如自动数据标注、模型优化建议等,进一步降低开发者门槛。众多企业基于ModelArts开发行业应用,涵盖金融风控、工业质检、农业病虫害监测等领域,华为通过全栈技术赋能,让AI开发更高效、应用更广泛。

聚焦行业落地,创新应用模式

华为提出"架构优先、先易后难"的制造业 AI 转型策略,通过智能体架构实现系统横向解耦,以数据和算力为核心构建能力体系。在实际应用中,从传送带异物检测等高频场景切入,快速实现价值闭环。例如,华为星河网络通过数据通信集群技术,将 AI 训练效率提升 20%,中断率降低 80%,显著优化算力资源利用效率。

在 2025 年,华为 AI 在制造业的应用进一步深化。在汽车制造中,利用 AI 视觉检测系统对零部件进行高精度质量检测,准确率高达 99% 以上,次品率显著降低;在电子制造领域,通过 AI 优化生产排程,产能提升 15%。此外,华为还将 AI 引入医药研发,利用 AI 模型预测药物分子活性,缩短研发周期。通过聚焦行业痛点,华为让 AI 真正为产业创造价值。

强化生态合作,推动普惠 AI

华为牵头成立"制造业人工智能创新联盟",联合产学研各方力量,探索 AI 应用场景。同时,通过普惠算力、开源框架降低技术使用门槛,推动 AI 技术在千行百业的普及。其智能计算与通用计算芯片、Wi-Fi 7 网络、分布式存储等技术,为行业智能化转型提供一站式解决方案。

近期,华为持续扩大生态朋友圈,与更多高校开展人才培养合作,为 AI 产业输送新鲜血液;与企业合作打造更多行业标杆案例,如与能源企业合作实现智能电网故障预测,与物流企业合作优化配送路线。2025 年,华为计划发展更多行业联盟伙伴,从 2 个子行业扩展到 20 多个子行业，合作伙伴从 5 家增加到 65 家以上，投入 100 亿元支持伙伴发展，全力推动 AI 普惠，让更多企业受益于 AI 技术。

华为的 AI 布局，不仅实现了从底层技术到行业应用的全链条覆盖，更通过开放生态和普惠战略，推动 AI 技术从实验室走向产业一线，为全球智能化变革注入强劲动能。

百度：模型驱动创新，引领应用变革

在全球 AI 技术蓬勃发展的时代，百度凭借着敏锐的洞察力与坚定的决心，构建起了全方位、多层次的 AI 布局体系，从核心技术研发到产业应用落地，从平台生态搭建到人才培养储备，每一个环节都紧密相扣，共同推动着 AI 技术的创新与普及，为各行业的智能化转型注入强大动力。

核心技术深耕：筑牢 AI 发展根基

百度早在 2013 年便成立深度学习实验室，开启了在 AI 领域的深度探索之旅，堪称国内 AI 研究的先驱者。此后，百度研究院相继设立自然语言处理实验室、机器人与自动驾驶实验室等多个专业实验室，汇聚全球顶尖科学家与工程师，专注于深度学习、自然语言处理、计算机视觉等核心技术的基础性与前沿性研究。

以自然语言处理领域为例，百度研发的文小言大模型表现卓越。2024 年发布的文心大模型 4.5 版本，借助 RAG（检索增强生成）技术，大幅提升模型输出内容的准确性与可靠性，有效减少"幻觉"问题。在知识问答场景中，文小言能够依据海量数据精准解答各类复杂问题，答案准确率相比旧版本提升 30%；在文案创作方面，可快速生成逻辑

清晰、风格多样的文章,创作效率较之前提高 50%。而在计算机视觉领域,百度的技术能够对图像、视频进行精准识别与分析。在工业质检场景中,百度 AI 视觉检测系统能快速检测出产品的细微缺陷,准确率高达 99% 以上,有力地保障了产品质量,降低了次品率。

产业应用拓展:赋能千行百业

百度围绕 AI 技术打造了丰富多元的产品矩阵,深度融入日常生活与各行业生产运营。在消费级产品方面,百度智能音箱凭借先进的语音识别与自然语言处理技术,可实现音乐播放、信息查询、家居控制等多种功能,为用户带来便捷的智能生活体验,市场占有率逐年提升。百度地图借助 AI 技术,依据实时路况、出行习惯等因素,为用户提供精准路线规划与智能导航服务,有效提升出行效率,经调研显示,使用百度地图智能导航功能后,用户平均出行时间缩短 15%。

在行业应用领域,百度的 AI 解决方案成果显著。在医疗领域,百度的 AI 医学影像解决方案能辅助医生快速、准确诊断疾病。在肺部疾病诊断中,对 X 光、CT 影像进行智能分析,标记潜在病变区域,为医生提供诊断参考,提高诊断准确率与效率。在金融领域,百度的智能风控解决方案利用 AI 技术对海量金融数据进行分析,实时监测交易风险,有效识别欺诈行为,保障金融机构与用户资金安全。

平台生态构建:汇聚创新力量

百度构建了完备的全栈 AI 技术平台,为开发者与企业提供一站式 AI 解决方案。百度大脑作为核心技术引擎,整合视觉、语音、自然语言处理、知识图谱、深度学习等多项 AI 核心技术,并通过 AI 开放平台对外全方位开放 200 多项 AI 能力。企业和开发者能便捷调用这些能力,快速将AI融入自身业务。在智能客服领域,企业借助百度大脑的语音识别与自然语言处理能力,实现客服对话自动接听、理解与回复,大幅提升客服效率,降低人力成本。某电商企业引入该技术后,客服人力成本降低40%,客户满意度提升25%。

飞桨深度学习平台是百度在框架层的重要布局。截至2024年11月,飞桨已拥有1 808万个开发者,服务43万家企业,创建101万个模型,成为国内开发者广泛使用的深度学习框架之一。飞桨具备强大的模型训练与部署能力,支持稠密参数和稀疏参数场景的超大规模深度学习并行训练,且拥有多端部署能力,从云端到边缘设备均可高效运行。智能安防项目基于飞桨框架训练的目标检测模型,能在边缘设备上实时、准确识别监控画面中的人员、车辆等目标,为城市安防提供有力支持。

百度自研的昆仑芯已迭代至第三代产品P800,采用自研的XPU架构。2024年,百度成功点亮3万卡集群,展现出在超大规模AI计算集群建设上的成熟实力。昆仑芯为百度的AI业务提供强大算力支撑,在文心大模型训练过程中,大幅缩短训练时间,提升训练效率,降低计算成本,相比上一代芯片,训练时间缩短35%,计算成本降低40%。

人才培养与合作:持续创新动力

百度积极构建开放创新的AI生态,通过举办百度AI开发者大会、技术论坛、竞赛等活动,吸引全球开发者与合作伙伴参与,促进AI技术交流与合作。在2025年举办的Create 2025百度AI开发者大会上,李彦宏一口气发布了9大AI产品和技术,涵盖基础大模型、AI应用、算力基础设施等多个层面，展示了百度在 AI 领域的最新成果，激发了开发者的创新热情。

同时，百度与高校、科研机构紧密合作，共同开展 AI 技术研究与人才培养。与多所高校联合设立 AI 实验室，开展产学研合作项目，推动 AI 技术在学术研究与产业应用间的转化。在人才培养方面，百度推出 AI 大学，提供丰富的 AI 课程与实践项目，截至 2024 年 4 月，已提前完成培养 500 万 AI 人才的计划，为 AI 产业持续发展注入源源不断的动力。

百度通过在技术研究、平台建设、产品应用与生态构建等方面的全面布局，形成了一个相互促进、协同发展的 AI 生态体系。这不仅推动了百度在 AI 领域的持续领先，更为各行业的智能化转型升级提供了强大助力，引领着 AI 技术在更广泛领域的深入应用与创新发展。

阿里：聚焦核心领域，深化 AI 融合

在人工智能技术蓬勃发展的当下，阿里巴巴凭借自身深厚的技术积累、庞大的业务版图以及敏锐的市场洞察力，积极且深入地在 AI 核心领域，从底层技术研发到上层应用拓展，从内部业务革新到外部生态构建，致力于引领行业变革，为全球数字化转型注入强大动力。

算力基建与芯片自研：筑牢 AI 根基

算力是 AI 发展的核心驱动力。阿里旗下的阿里云早在多年前便开启算力基建的征程，在全球范围内布局数据中心。2025 年，阿里云在泰国建设的超大规模数据中心投入使用，该数据中心采用自研倚天 710 芯片与先进的液冷技术，成功将单位算力成本降低 30%。面对

2030年全球AI算力缺口预计达80%的严峻形势,阿里云通过持续升级数据中心设施,不断提升算力供应能力,为AI模型训练、推理等复杂任务提供坚实支撑。

在芯片自研方面,阿里取得了显著进展。倚天710芯片专为云数据中心设计,具备高性能、低功耗特性,有效提升了计算效率。在一些对算力需求极高的业务场景,如电商大促期间的海量数据处理、大规模AI模型训练等,倚天710芯片展现出卓越性能,大幅缩短处理时间,降低能耗成本,助力阿里云在激烈的市场竞争中保持领先地位,也为阿里整体AI战略筑牢底层硬件基石。

模型研发与开源生态:释放创新活力

通义千问是阿里AI模型研发的核心成果。2025年4月29日,通义千问团队正式发布并开源新一代模型Qwen3,在推理、指令遵循、工具调用以及多语言能力等方面表现出色。

阿里积极推动通义千问开源生态建设。众多开发者与企业借助通义千问的开源力量,开发出丰富多样的应用。充分彰显开源生态的辐射力与创新活力,吸引更多参与者融入阿里AI生态体系,共同推动技术创新与应用拓展。

场景应用与业务革新:赋能产业升级

阿里将AI技术深度融入多元业务场景,实现自身业务革新与产业升级。在电商领域,淘宝推出"AI试衣间"功能,消费者借助虚拟技术即可在线试穿各类服饰,该功能使服饰类目退货率下降18%,显著提升用户购物体验与商家运营效率。同时,智能推荐系统依托AI算法,根据用户浏览、购买历史精准推送商品,为商家带来更高转化率与销售额。

钉钉作为阿里重要的办公平台,接入大模型后,为企业办公带来极大便利。某制造企业原本需 45 天完成的年度预算编制工作,借助钉钉的 AI 能力,缩短至 7 小时,工作效率大幅提升。在物流环节,菜鸟网络利用 AI 优化配送路线、预测订单需求,降低物流成本,提高配送时效,为电商业务高效运转提供有力保障。此外,在金融领域,蚂蚁集团运用 AI 技术构建智能风控体系,实时监测交易风险,有效识别欺诈行为,保障金融安全。

组织变革与人才培养:激发内部潜能

为适应 AI 发展需求,阿里在组织架构与人才培养方面积极变革。在内部推行"创业 48 小时"挑战活动,新入职工程师需在模拟 1999 年湖畔花园创业环境的办公室内,用极简配置开发 AI 应用,以此激发员工创新思维与创业精神。同时,建立跨业务流动机制,员工可自由转岗,促进知识共享与创新碰撞。例如,原菜鸟算法工程师转岗至国际站后,成功将物流预测模型改造为跨境贸易风险预警系统,使中小卖家坏账率下降 27%。

在人才培养上,阿里加大对 AI 专业人才的引进与培养力度,与高校、科研机构合作开展产学研项目,为员工提供丰富的 AI 培训课程与实践机会,提升员工 AI 素养与技能,打造一支适应 AI 时代发展的高素质人才队伍,为阿里 AI 布局持续推进提供智力支持。

阿里巴巴通过在算力、模型、应用及组织等多方面的深度布局,构建起一个相互促进、协同发展的 AI 生态系统,不仅助力自身业务迈向新高度,更为各行业数字化转型提供了宝贵经验与强大技术支撑,在全球 AI 竞争浪潮中持续领航。

腾讯:"技术＋场景"双轮驱动构筑 AI 新生态

在人工智能蓬勃发展的浪潮中,各大科技企业纷纷施展身手,布局 AI 领域。与部分企业强调全栈布局或打造大一统的平台生态不同,腾讯走出了一条独具特色的"技术＋场景"双轮驱动之路,凭借深厚的技术积累和丰富多元的业务场景,推动 AI 技术落地生根,创造显著价值。

聚焦技术深耕,锻造核心竞争力

腾讯在 AI 技术研发上持续发力,多个实验室协同作战,在机器学习、自然语言处理、计算机视觉等领域取得了一系列令人瞩目的成果。其中,腾讯优图实验室在计算机视觉技术上的突破,为其在安防、金融、零售等多行业的应用奠定了坚实基础。在安防场景中,基于优图的人脸识别技术,能够在复杂环境下快速、精准地识别人员身份,有效提升了安防监控的效率与安全性。

腾讯还积极投身于大模型技术的研发。腾讯混元大模型便是其核心成果,通过不断迭代优化,混元大模型展现出强大的多模态能力。在文本处理方面,能够理解复杂语义,生成逻辑严谨、内容丰富的文本,在新闻写作、文案创作等任务中表现出色,创作效率较传统方式提升了 50%。在图像生成领域,混元大模型可根据用户输入的文字描述,快速生成高质量、细节丰富的图像,满足了游戏、广告设计等行业对创意图像的需求,助力企业提升设计效率,降低成本。

深挖场景应用，释放 AI 价值

腾讯庞大的业务版图为 AI 技术提供了丰富的"试验田"。以社交业务为例，微信借助 AI 技术，实现了智能语音识别、智能回复等功能。微信语音转文字功能的准确率达到 98%，极大地方便了用户在不方便打字时的沟通。在朋友圈广告投放中，利用 AI 算法对用户兴趣和行为进行精准分析，实现个性化广告推送，使广告点击率提升了 30%，既为用户提供了更感兴趣的内容，也为广告主带来了更高的营销回报。

游戏作为腾讯的优势业务，也深度融入了 AI 技术。在游戏开发过程中，AI 辅助生成游戏场景、角色动作等内容，缩短了开发周期。在游戏运营阶段，通过 AI 实时监测玩家行为，识别异常游戏行为，保障游戏公平性；同时，利用 AI 算法为玩家匹配实力相当的对手，提升游戏竞技体验。例如，在一款热门 MOBA 游戏中，AI 匹配系统使得玩家对游戏匹配满意度提升了 25%。

技术场景协同，打造开放生态

腾讯注重技术与场景的协同发展，通过开放自身技术能力，吸引开发者和企业共同参与，构建开放的 AI 生态。腾讯云推出的 AI 平台，整合了腾讯在 AI 领域的技术成果，为企业提供一站式 AI 解决方案。企业可根据自身需求，便捷地调用图像识别、自然语言处理等 AI 能力，快速实现业务智能化升级。如某电商企业借助腾讯云 AI 平台的图像识别技术，实现了商品图片的自动分类与标注，工作效率提升了 80%。

此外，腾讯还积极与高校、科研机构合作，开展产学研合作项目，共同推进 AI 技术的前沿研究与人才培养。通过举办 AI 竞赛等活动，激发开发者的创新热情,挖掘优秀 AI 应用创意,进一步丰富 AI 生态的内涵,促进 AI 技术在更广泛领域的创新应用。

腾讯以"技术+场景"双轮驱动的 AI 布局模式,区别于其他企业的发展路径,走出了一条特色鲜明、成效显著的发展之路。这一布局不仅助力腾讯自身业务的智能化转型,更为行业树立了典范,推动 AI 技术在更多领域实现价值落地,为构建智能社会贡献着重要力量。

字节跳动:以创新为翼,构建 AI 多元版图

在全球 AI 技术迅猛发展的浪潮中,字节跳动凭借独特的发展路径与创新理念,构建出极具特色的 AI 布局。与部分企业侧重某一领域深挖或追求全栈式大一统布局不同,字节跳动以技术创新为核心,依托海量数据和多元业务场景,多管齐下,在 AI 领域开辟出一片广阔天地。

多模态大模型研发:打造智能基石

字节跳动在大模型研发上成果卓著,旗下豆包大模型持续迭代升级,展现出强大的多模态融合能力。2025 年 1 月推出的豆包大模型 1.5Pro,在知识理解、推理以及代码生成等关键领域实现重大突破,综合性能可与全球顶尖大语言模型如 GPT-4 和 Claude 比肩。其不仅能精准理解复杂文本含义,生成逻辑严谨、内容详实的文字,在代码编写任务中,效率较前代提升 40%,错误率降低 30%,为开发者提供高效辅助。

在多模态方面,豆包大模型支持文本、图像、视频等多种输入形式,尤其在中文场景下的视觉理解表现出众。例如,用户输入一段对

特定场景的文字描述，模型能迅速生成契合描述的高质量图像，且图像细节丰富、色彩协调，在电商产品设计、游戏场景概念图绘制等实际应用中，大大缩短创作周期，降低设计成本，相较传统方式效率提升50%以上。

C 端应用：贴合用户，丰富体验

字节跳动面向 C 端用户推出了丰富多元的 AI 应用，覆盖人们生活、娱乐、学习等多个方面。在知识获取与交互领域，豆包 App 作为字节旗下明星产品，已成为国内第一、全球第二 AI 应用 App，月活用户超 7 000 万。用户能通过豆包便捷获取各类知识解答，无论是学术问题、生活常识，还是创意灵感启发，豆包都能快速响应，提供专业且个性化的回答。

在创意创作方面，即梦（海外版 Dreamina）为用户打造了便捷的 AI 视频创作平台。用户只需输入简单文本描述，就能生成具有影视级视觉效果的视频，镜头切换自然流畅，动作连贯度高。自 2024 年 11 月集成豆包视频模型后，即梦创作功能进一步升级，吸引大量用户参与视频创作，平台视频生成量呈现爆发式增长，成为用户发挥创意、记录生活的新宠。此外，星绘（海外版 PicPic）等 AI 图像产品，为用户提供 AI 写真、图像编辑等功能，满足人们对个性化图像创作与美化的需求。

B 端应用：赋能企业，推动变革

字节跳动的 AI 技术在 B 端同样发挥着巨大价值，深度赋能智能终端、汽车等多个行业。在智能终端领域，通过 AI 优化设备系统，实现智能语音交互、智能场景识别等功能，提升设备使用便捷性与智能化程度,为用户带来全新交互体验。

在汽车行业,字节跳动的AI技术助力汽车智能化升级。利用大数据分析与AI算法优化车联网服务,根据用户驾驶习惯和偏好提供个性化音乐推荐、智能导航路线规划等服务,提高驾乘体验。

独特发展策略:拓展全球市场

字节跳动采用双轨制发展策略,积极拓展全球AI市场。一方面,将国内成功的AI应用精准复制到海外市场,像豆包的海外版Cici、即梦的国际版Dreamina等,借助字节跳动在海外的品牌影响力与运营经验,快速在国际市场打开局面。Cici在海外上线后,迅速吸引大量用户,月活用户达1 200万以上,为全球用户提供便捷智能服务。另一方面,针对不同地区市场特点与用户需求,推出定制化AI产品。例如,在教育资源分布不均的地区,推出针对性的AI教育产品,为当地学生提供便捷的学习辅助工具,助力提升学习效率。该应用在海外部分地区上线后,迅速获得高下载量,切实满足当地学生学习需求,在教育领域树立良好口碑。

持续投入与创新:筑牢发展根基

2025年,字节跳动计划在AI领域投入约1 600亿元人民币,彰显其深耕AI领域的决心。其中900亿元用于GPU采购,且国内采购预算的60%倾向于国产芯片,如昇腾、寒武纪等,既保障算力供应,又助力国内芯片产业发展。同时,字节跳动积极布局算力中心,计划在新加坡等海外地区开设更多算力资源集群,提升模型训练效率,满足全球业务对算力的海量需求。

在技术创新上,字节跳动不断探索深度学习和神经网络优化技术。引入全球顶尖研究人才,如曾任 Google DeepMind 副总裁的吴永辉,强化基础模型研发实力。通过整合预训练、后训练及 Horizon 团队,构建以基础模型为核心的创新体系,推动模型在自然语言处理、图像生成等多领域持续优化,为产品创新与市场竞争提供坚实技术支撑。

科大讯飞:AI 赛道的特色布局者

在全球 AI 产业蓬勃发展的浪潮中,科大讯飞以其独树一帜的布局与发展路径,成为人工智能领域的重要力量,与众多科技企业相比,展现出鲜明的特点。

技术深耕:构筑语音及认知智能技术高地

科大讯飞自 1999 年成立起,便专注于智能语音及人工智能核心技术研发,在语音识别、语音合成、自然语言处理等领域成果卓著。其承建语音及语言信息处理国家工程研究中心,以及国内唯一的认知智能全国重点实验室,彰显了在该领域的深厚底蕴与权威性。

科大讯飞的中文连续语音识别技术全球领先,识别率超 95%,在复杂环境及多语种识别中优势明显。在国际语音识别大赛(CHiME)中屡获佳绩,技术实力备受认可。语音合成技术同样出色,连续十二年在国际语音合成大赛中位居榜首,合成语音自然流畅,支持个性化声纹定制,为用户带来优质语音交互体验。

在大模型领域,讯飞星火认知大模型表现突出。2023 年 5 月发布后持续迭代,2024 年 10 月推出的讯飞星火 4.0Turbo,基于全国首个国产万卡算力集群训练,在中文领域七项核心能力全面超越 GPT-4

Turbo,代码能力和数学能力甚至超越 GPT-4。2025 年 1 月,业界首个基于全国产算力平台的通用长思维链深度思考大模型——讯飞星火深度推理模型 X1 完成重大升级,进一步巩固了科大讯飞在大模型技术上的领先地位,为其 AI 应用拓展筑牢底层技术根基。

行业聚焦:教育与医疗的深度赋能

与一些企业追求 AI 应用的广泛覆盖不同,科大讯飞聚焦教育、医疗等关键行业,深度挖掘场景需求,提供定制化解决方案。

在教育领域,科大讯飞成果斐然。其智慧教育产品与解决方案已服务全国 32 个省级行政区的 5 万余所学校、1.3 亿师生。星火智慧黑板融入先进 AI 技术,将抽象知识直观呈现,如在几何教学中,通过 3D 建模、动态演示等功能,帮助学生轻松理解复杂图形概念,教学效果显著提升。AI 学习机依据每个学生的学习情况,精准分析知识薄弱点,定制个性化学习路径,学生使用后学习效率大幅提高,真正实现因材施教,推动教育公平进程。例如,某偏远山区学校引入科大讯飞智慧教育产品后,学生数学、语文等学科平均成绩提升 15 分,学习积极性明显提高。

在医疗行业,科大讯飞的"智医助理"成为行业标杆。作为全球首个通过国家执业医师资格考试的智能辅助诊疗系统,已在全国 31 个省级行政区的 611 个区县常态化应用。通过语音识别将医生问诊语音快速转化为结构化电子病历,利用医学知识图谱辅助诊断,累计辅助诊断达 8.7 亿次,辅助医生修正诊断超 152 万次,提醒不合理处方 8 207 万次,尤其在基层医疗中,有效提升诊疗准确性与效率,减少错诊漏诊,极大改善医疗服务质量。

生态建设：打造开放协同的产业生态

科大讯飞积极构建开放共赢的 AI 生态体系。讯飞开放平台以语音交互为核心，开放语音识别、合成、自然语言处理等 200 多项 AI 能力，吸引超 500 万个开发者团队，总应用数超过 270 万。平台为开发者提供 1V1 专属支持，降低技术接入门槛，助力各行业快速将 AI 技术融入业务。例如，某小型电商企业借助讯飞开放平台的语音识别与自然语言处理能力，开发智能客服系统，客户咨询响应时间缩短 50%，客户满意度提升 30%。

在机器人领域，讯飞机器人超脑平台赋能显著，已与 420 家机器人企业展开合作，深度链接 1.5 万机器人开发者，与优必选、宇树科技等知名企业携手，推动机器人在交互、运动控制等方面性能升级。基于该平台，机器人在复杂环境下的语音交互准确率提高 30%，动作控制精度提升 25%，更好地满足了物流、服务等行业需求。

科大讯飞凭借在技术研发上的专注深耕、行业应用中的精准聚焦以及生态建设时的开放协同，走出了一条与诸多同行差异明显的发展道路。这种特色布局使科大讯飞在 AI 领域形成独特竞争优势，为行业发展贡献宝贵经验，有力推动 AI 技术落地应用与产业智能化变革。

美国科技企业

英伟达：AI 淘金的卖铲人

在人工智能行业中，英伟达以其强大的芯片技术能力、完备的 AI 开发工具和生态组织能力，成为 AI 领域的"卖铲人"，为其他 AI 企提供软硬件工具和生态支持。

芯片技术：打造AI计算的强大心脏

英伟达自创立以来，专注图形处理技术研发，在AI浪潮兴起时，凭借对GPU并行计算潜力的敏锐洞察，成功将GPU从图形渲染工具转变为AI计算核心引擎。与传统CPU相比，GPU拥有数千个计算核心，可同时处理大量数据，完美契合AI模型训练对大规模并行计算的需求。

2024年推出的Blackwell架构GPU，集成2 080亿个晶体管，采用台积电4NP定制工艺，芯片间互连速度达每秒10TB，第二代Transformer Engine融合定制技术与创新框架，显著加速大语言模型推理与训练。例如，在大语言模型推理中，相比前代性能提升数倍，大幅缩短响应时间，提高应用效率。

除通用GPU，英伟达针对特定场景推出专用芯片。面向数据中心的H100、A100，在大规模数据处理与深度学习训练中表现卓越，为数据中心提供强大算力；面向边缘计算的Jetson系列模块，体积小巧却具备强大AI运算能力，可在智能摄像头、无人机等设备上实现实时AI推理，满足边缘设备低功耗、高性能需求。

软件生态：构建易用高效的开发环境

英伟达深知，强大硬件需配套软件生态才能推动AI发展。以计算机统一设备架构（Compute Unified Device Architecture，CUDA）为核心构建软件架构，开发者借助CUDA能利用英伟达GPU并行计算能力，轻松开发高性能AI应用。它提供丰富的函数与工具，涵盖深度学习、科学计算、数据分析等领域，极大降低开发门槛，吸引全球大量开发者投身 AI 开发。例如,在深度学习领域,开发者使用 CUDA 的 TensorFlow、PyTorch 等框架,可大幅缩短模型训练时间,原本数周的训练任务,借助 CUDA 可能仅需几天。

英伟达还推出针对不同应用场景的软件工具与平台。在 AI 推理方面,NVIDIA Triton 推理服务器可在多种硬件平台上实现高效推理,支持多种框架和模型格式,助力企业快速部署 AI 应用;在生成式 AI 领域,NVIDIA NeMo 为开发者提供构建和定制对话式 AI、语音合成等应用的工具包,助力企业打造个性化生成式 AI 服务。这些软件工具相互配合,形成完整生态体系,为开发者提供从模型开发、训练到部署的一站式解决方案。

应用拓展:赋能多元行业,驱动产业变革

英伟达的 AI 技术广泛渗透到各个行业,推动不同领域的智能化转型。在游戏行业,英伟达的技术扮演着至关重要的角色。一方面,通过实时光线追踪技术,为游戏带来更加逼真的光影效果,使游戏画面更接近真实世界;另一方面,借助 DLSS(深度学习超级采样)技术,利用 AI 算法提升游戏帧率,在不损失画质的前提下,让游戏运行更加流畅。最新一代 DLSS 4 不仅能在空间维度上补全像素,还能通过预测未来画面,为每一帧额外生成三帧画面,显著提升了渲染效率。在实际游戏演示中,采用 DLSS 4 技术的游戏帧率提升数倍,延迟大幅降低,为玩家带来了更为沉浸式的游戏体验。

在医疗领域,英伟达的 AI 技术助力医疗影像诊断。通过对大量医疗影像数据的学习,AI 模型能够快速、准确地识别出影像中的异常,辅助医生进行疾病诊断,提高诊断的准确性和效率。例如,在肺部

CT影像分析中,AI模型能够精准检测出早期肺癌病变,为患者争取宝贵的治疗时间。在自动驾驶领域,英伟达推出的DRIVE平台为汽车提供强大的算力支持,使车辆能够实时处理来自传感器的海量数据,实现精准的环境感知、路径规划和决策控制,推动自动驾驶技术不断迈向更高等级。

前沿探索:引领AI技术发展新趋势

英伟达积极投身于AI前沿技术的研究与探索。在生成式AI方面,英伟达不断突破创新,开发出一系列先进模型。如Edify 3D基础模型,能让开发者和内容创作者快速生成3D物体,并利用这些物体构建虚拟世界,极大地提升了3D内容创作效率。

在物理AI领域,英伟达也取得了重要进展。其研究成果可应用于自动驾驶汽车和通用机器人等领域,让AI系统能够更好地理解和适应物理世界,实现更加智能、精准的决策与行动。例如,通过对机器人运动数据的学习和模拟,机器人在复杂环境中能够更加灵活、高效地完成任务。

英伟达凭借在芯片技术上的持续创新、软件生态的精心构建、行业应用的深度拓展以及前沿技术的积极探索,在AI领域形成了极具特色的布局。这种布局使其在全球AI竞争中脱颖而出,成为推动AI技术发展与产业变革的关键力量,为未来智能社会的构建奠定了坚实基础。

特斯拉:以AI重塑出行与机器人领域的先锋

在人工智能浪潮席卷全球的当下,众多企业纷纷投身其中,各展身手。特斯拉,这家以电动汽车闻名于世的创新企业,在 AI 领域的布局独树一帜,展现出与众不同的发展路径与显著特点。

聚焦核心应用:自动驾驶与机器人的深度耕耘

与许多企业追求 AI 技术在多领域广泛撒网式的应用不同,特斯拉坚定地将自动驾驶作为 AI 技术应用的核心突破口。其全自动驾驶(FSD)系统堪称行业内最先进的自动驾驶技术之一。通过持续的软件更新与订阅服务模式,特斯拉构建了清晰的商业化路径。截至 2024 年 10 月,FSD 已完成超 20 亿英里的行驶里程,这一庞大的数据积累使其成为全球训练最为充分的模型之一。在技术演进上,特斯拉的感知系统从依赖单帧图像决策,逐步发展为通过多帧图像的时空信息构建向量空间,全新的鸟瞰图(BEV)架构结合 Transformer 架构,极大地提升了对复杂场景的理解与应对能力。例如,在城市街道中面对突然出现的行人或车辆加塞等复杂情况,FSD 系统能够凭借先进的算法快速做出安全且合理的驾驶决策。

同时,特斯拉进军机器人领域,推出 Tesla Bot(Optimus),显示出未来潜在的新收入来源。人形机器人 Optimus 被寄予厚望,它将自动驾驶领域积累的 AI 能力,如视觉感知、决策算法等,迁移应用到机器人的研发中。通过"动作数据训练",Optimus 不断提升智能水平,Gen3 版本已能完成如叠衣服、分拣物品等复杂任务的串联。特斯拉计划在 2025 年末生产数千台(1 000～2 000 台)Optimus 用于内部工厂测试,识别出 10～15 项制造业应用场景,到 2026 年与外部制造业伙伴合作实现几万台的量产,并将物料清单(BOM)成本控制在 7 万～8 万美元,最终目标是降到汽车成本水平以下,2027 年向公众开放,进入更多行业及家庭场景。

数据驱动创新：海量行车数据铸就独特优势

数据是 AI 发展的核心燃料，特斯拉在这方面拥有得天独厚的优势。其全球庞大的车辆保有量形成了一个规模惊人的数据采集网络。截至目前，特斯拉已经从其车队积累了超过 50 亿英里的数据，这一数据量远远超过了竞争对手。每一辆特斯拉汽车在行驶过程中，通过车载传感器收集包括路况、驾驶行为、环境信息等多维度的数据，并实时上传至特斯拉的数据中心。

这些海量的真实世界行车数据，为 FSD 系统的持续优化提供了丰富的素材。特斯拉利用这些数据进行深度挖掘与分析，不断改进算法，提升系统对各种复杂场景的识别、判断与应对能力。例如，通过对不同地区、不同时段交通状况数据的分析，FSD 系统能够更好地适应拥堵路况、特殊天气条件下的驾驶，有效减少事故发生率，提升驾驶安全性与舒适性。同时，在机器人研发方面，这些数据中的物体识别、空间感知等部分也能为 Optimus 提供参考，助力其更好地理解和适应复杂的现实环境。

强大算力支撑：自研与外购并行提升效能

特斯拉深知算力对于 AI 发展的关键作用，在算力建设上采取了自研与外购并行的策略。一方面，特斯拉向英伟达购买了大量高端 GPU，并在得克萨斯州工厂打造大规模的 H100 集群，以此满足当下 AI 业务对算力的紧迫需求。

另一方面，特斯拉自主研发了 Dojo 超级计算机。Dojo 专为处理视频数据而设计，是特斯拉提升神经网络训练速度与效率的关键利器。Dojo 的出现,让特斯拉在处理海量行车视频数据时更加高效,能够快速提取关键信息用于模型训练与优化,进一步加速了自动驾驶技术以及机器人技术的迭代升级。

全栈自研体系:垂直整合实现高效协同

特斯拉具备强大的全栈自研能力,从硬件到软件,从车端到云端,均实现了自主研发与垂直整合。在硬件层面,特斯拉开发了定制化的 AI 芯片,如 FSD 芯片,专为自动驾驶任务设计,相比通用芯片,在处理自动驾驶相关的计算任务时,具有更高的效率与更低的能耗。同时,特斯拉的车辆硬件系统经过精心设计,与 AI 软件系统紧密配合,例如其先进的传感器布局与硬件架构,能够精准、快速地采集数据并传输至车载计算单元进行实时处理。

在软件方面,特斯拉自研了一整套从感知、预测到决策的算法体系。感知系统通过摄像头获取视觉图像,利用骨干网络抽取图像特征,并基于鸟瞰图和占用网络构建向量空间,实现对道路和环境要素的精准分析。此外,特斯拉的云端系统承担着大规模 AI 训练与仿真任务,通过离线数据标注和仿真训练,不断提升神经网络能力,并将优化后的模型"蒸馏"至车端,实现车端与云端的高效协同。

特斯拉凭借在核心应用领域的深度聚焦、数据驱动的创新模式、强大的算力支撑以及全栈自研的垂直整合体系,在 AI 领域形成了极为独特且强大的竞争优势。随着技术的不断突破与应用场景的持续拓展,特斯拉有望重塑出行方式,并在更广泛的产业领域引发深刻变革。

微软：以生态协同与科学突破重构 AI 未来的领航者

在人工智能技术深刻重塑全球产业格局的进程中，微软以其独特的战略视野与技术积累，构建了一个横跨基础研究、产品创新、行业赋能与伦理治理的立体化 AI 生态体系。相较于其他科技巨头，微软的 AI 布局呈现出鲜明的差异化特征：通过深度绑定 OpenAI 构建技术护城河，将 AI 能力无缝嵌入全球数十亿用户的日常工作流，以生成式 AI 推动科学发现范式革新，并以负责任的 AI 治理框架引领行业规范。这一多维布局不仅巩固了微软在企业级市场的统治地位，更在消费级场景与前沿科学领域开辟了新的增长极。

技术联盟与自主创新双轮驱动

微软与 OpenA 的合作堪称科技史上最具战略价值的联盟之一。自 2019 年首次投资 10 亿美元以来，微软已累计向 OpenAI 注资超 130 亿美元，获得其 20％股权及核心技术的独家使用权。这种深度绑定使微软率先获得 GPT-4、DALL-E3 等颠覆性技术的商业化入口，将其无缝集成到 Microsoft 365 Copilot、Azure OpenAI 服务等核心产品。例如，Azure OpenAI 服务已吸引超过 10 万家企业客户，涵盖金融、医疗、制造等关键领域，仅 2024 年该业务收入就突破 50 亿美元。

面对 OpenAI 近期寻求多元化融资的动向，微软悄然启动代号"MAI"的自研大模型计划，目标直指与 GPT-4 相当的性能水平。目前，MAI 模型在 MMLU、GSM8K 等通用基准测试中已达到与 GPT-4、Claude 3 相当水平，并在 Microsoft 365 Copilot 中启动技术替代测试。

AI 原生产品重构工作与生活范式

微软将AI能力深度融入其产品矩阵,打造出覆盖操作系统、办公套件、开发者工具的全场景智能体验。2025年发布的Windows 11全面升级AI功能,AI支持的记事本可自动生成文本大纲,文件资源管理器直接提供内容总结与图像编辑功能。

在企业级市场,微软通过Copilot系列重新定义生产力工具。Microsoft 365 Copilot可自动生成PPT、分析Excel数据、优化邮件内容,使企业员工效率平均提升30%,使微软在消费级与企业级市场同时建立起难以复制的用户黏性。

科学智能开启第四范式革命

微软正以生成式AI推动科学研究范式革新。其科学智能中心开发的MatterGen工具,通过三维扩散模型直接生成新材料结构,突破传统筛选方法的局限,在电池材料设计等领域实现重大突破。例如,MatterGen生成的$TaCr_2O_6$材料体积模量与设计值误差低于20%,实验验证结果与理论预测高度吻合。在生命科学领域,微软与全球科研机构合作构建基于图像的AI模型,加速癌症诊断与新药研发,部分项目将传统需数年的实验周期缩短至数月。

多模态AI的发展进一步拓展了科学探索边界。Microsoft Copilot的多模态模型可同时处理文本、图像与搜索数据,用户上传一张纪念碑照片即可获取其历史背景与文化意义。这种跨模态理解能力正被应用于气候预测、农业优化等领域,例如帮助农民识别杂草种类、评估灌溉方案效率,为应对全球粮食安全挑战提供新工具。

开发者生态与教育普惠战略

微软通过开源与培训构建全球最大的 AI 开发者社区。其 AI-System 开源项目涵盖分布式训练、推理优化等核心技术，吸引超过 50 万开发者参与贡献。Azure 机器学习平台支持 PyTorch、TensorFlow 等主流框架，提供从数据标注到模型部署的全流程工具链，使企业 AI 开发成本降低 40%。

在教育领域，微软推出"AI for Good"计划，为全球 1 000 所高校提供免费算力与课程资源，培养新一代 AI 人才。其 AI 商学院已认证超过 10 万名 AI 工程师，覆盖云计算、自然语言处理等关键领域。

微软的 AI 布局展现出独特的战略纵深：以 OpenAI 合作构建技术高地，以 Copilot 产品重塑工作范式，以科学智能推动产业革新，以伦理治理引领行业规范。这种多维协同的生态体系，使其在生成式 AI 浪潮中既保持传统软件巨头的稳健，又展现出创新企业的颠覆力。随着 MatterGen 等突破性技术的商业化落地，以及 Copilot+ PC 等硬件产品的普及，微软正从"软件公司"向"AI 生态平台"加速转型。

谷歌：以自研模型为核心，依托多元产品生态、深耕行业垂直应用

谷歌凭借着与生俱来的创新基因与深厚的技术沉淀，走出了一条独具特色的 AI 发展之路。谷歌以"技术驱动＋生态协同"为核心，从基础研究到应用落地，从产品创新到行业赋能，构建起一个立体且完整的 AI 生态体系。这种布局既彰显了谷歌在技术领域的引领地位，又展现出其将 AI 融入生活、推动社会进步的宏大愿景，在全球 AI 竞

争格局中，书写着属于自己的独特篇章。

自研模型引领技术前沿

谷歌在 AI 模型研发上始终走在行业前列，Gemini 的诞生便是其技术实力的有力证明。2023 年 12 月推出的 Gemini，拥有 Ultra、Pro 和 Nano 三种规格，能够处理文本、图像、音频、视频和代码五种类型信息，堪称多模态 AI 的典范之作。其在 MMLU 基准测试中超越人类专家，展现出强大的复杂推理能力。在科学研究场景中，Gemini 可从数十万份文件中提取知识，助力科研人员突破难题；在编程领域，它能理解、解释并生成 Python、Java 等多种编程语言的高质量代码，极大提升开发效率。

相比其他企业，谷歌在模型研发上投入巨大，不仅拥有顶尖的科研团队，还具备自研 AI 超算芯片 Cloud TPU V5P，为 Gemini 提供强大算力支撑，确保模型训练与推理高效运行，这种从芯片到模型的全栈自研能力，是谷歌在 AI 技术竞争中的坚固壁垒。

AI 赋能多元产品生态

谷歌将 AI 深度融入旗下多元产品体系，重塑用户体验。在搜索引擎领域，谷歌借助 AI 技术优化搜索算法，能精准理解用户意图，提供更贴合需求的搜索结果。例如，当用户输入模糊或复杂问题时，AI 算法可迅速分析语义，整合全网信息，给出条理清晰、内容详实的解答，这与传统搜索单纯基于关键词匹配有本质区别。

在地图服务中，AI 助力实时交通路况预测与智能路线规划。通过收集海量交通数据，运用机器学习算法分析路况趋势，为用户推荐最优出行路线，有效避开拥堵路段，节省出行时间。以通勤族为例，在早晚高峰时段，谷歌地图依靠 AI 规划的路线可将通勤时间缩短 20%～30%。

谷歌云是其 AI 布局的重要载体，为企业与开发者打造开放且强大的 AI 应用开发平台。谷歌云提供丰富的 AI 工具与服务，像 AutoML 让缺乏专业 AI 知识的企业也能轻松构建自定义机器学习模型；Cloud AI Platform 提供从数据预处理、模型训练到部署的一站式解决方案，降低 AI 应用开发门槛。

深耕行业垂直应用

在医疗领域，谷歌 AI 技术助力疾病诊断与药物研发。通过分析海量医疗影像数据，AI 模型可精准识别疾病特征，辅助医生早期发现疾病。

在交通领域，谷歌旗下 Waymo 在自动驾驶技术研发上处于行业领先地位。通过激光雷达、摄像头等多传感器融合，结合深度学习算法，Waymo 的自动驾驶汽车能够精准感知复杂路况，做出安全、合理的驾驶决策。目前，Waymo 的自动驾驶车辆已在美国多个城市进行商业运营，为未来出行变革奠定了基础。

谷歌以自研模型为核心，依托多元产品生态、开放云服务平台，积极探索前沿技术，并深耕行业垂直应用，构建起独树一帜的 AI 布局。这种布局使谷歌在 AI 领域既拥有技术领先优势，又能切实推动 AI 技术在各行业落地生根，为全球 AI 发展贡献独特力量，也为未来科技发展勾勒出无限可能的蓝图。

苹果：以隐私为基，构建深度融合的 AI 生态布局

在人工智能赛道上，众多科技巨头纷纷发力，苹果公司凭借独树

一帜的布局策略脱颖而出。苹果并非盲目跟风,而是紧密围绕自身产品生态,将 AI 技术深度嵌入各个环节,以保护用户隐私为核心,打造出极具特色的 AI 发展路径,为用户带来个性化且安全可靠的智能体验。

隐私至上:AI 技术的底层基石

苹果自始至终将用户隐私保护置于 AI 战略的核心位置。在数据处理上,苹果强调设备端计算,尽量减少数据上传至云端。例如其推出的个人智能系统 Apple Intelligence,诸多 AI 功能都在设备本地运行。像文本的改写、校对和摘要功能,数据无需离开设备就能完成处理,有效避免了数据在传输过程中可能面临的泄漏风险。这种设备端处理数据的方式,不仅让用户对自己的数据拥有绝对控制权,也契合了当下用户对于隐私安全日益增长的关注。相比一些依赖云端数据处理的企业,苹果此举极大增强了用户的信任感,使其在隐私保护敏感的市场环境中占据优势。

自研芯片:为 AI 提供强劲动力

在硬件层面,苹果自研芯片为 AI 能力的施展奠定了坚实基础。从 A 系列芯片开始,苹果便融入专门用于神经网络计算的硬件模块。如 A11 Bionic 芯片中的"神经网络引擎",配合"图形引擎",能够以每秒 6 000 亿次的速度处理机器学习任务,有力支撑了面部识别、AR 物体侦测、Animoji 脸部追踪等 AI 相关功能。后续的芯片迭代不断提升 AI 处理性能,为各类 AI 应用提供了高效且稳定的算力保障。凭借自研芯片,苹果实现了硬件与软件的深度协同优化,让 AI 应用在苹果设备上运行得更加流畅、高效,相比依赖第三方芯片的企业,拥有更强的技术自主性和性能调控能力。

系统融合：打造无缝 AI 体验

苹果将 AI 深度集成到自家操作系统之中，iOS 18、iPadOS 18 和 macOS Sequoia 因 Apple Intelligence 的融入焕然一新。在 iOS 18 系统中，Siri 借助 AI 实现了质的飞跃，拥有更丰富的语言理解能力，回复更加自然、贴合语境且个性化。用户通过 AirPods 配合 Siri 使用时，来电时只需摇头或者点头，Siri 就能明白是否接通来电。同时，用户还能在语音命令和文本输入"Siri"之间自由切换，用最适合当下沟通场景的方式与 Siri 交互。在邮件应用里，新增的摘要按钮能快速总结收到的邮件内容，收件箱列表也会显示邮件简短摘要，方便用户快速筛选重要信息；智能回复功能则依据邮件内容提供上下文相关的回复选项。这种将 AI 功能与系统应用紧密结合的方式，让用户在日常使用设备的过程中，自然而然地享受到 AI 带来的便捷，无需额外学习复杂的操作流程，极大地提升了用户体验的连贯性与流畅性。

应用创新：挖掘 AI 多元价值

在应用层面，苹果不断挖掘 AI 的多元价值，推出一系列创新功能。在照片应用中，用户能够运用自然语言创建幻灯片、搜索特定照片及视频片段，搜索功能如今也涵盖了视频内容，方便用户精准定位想看的视频片段。新的"清理"工具可识别并移除照片背景中分散注意力的内容，帮助用户轻松优化照片。笔记应用支持录音并对音频进行转录和总结，生成摘要，提高信息记录与整理效率。此外，用户还可借助新推出的图片工具，在数秒内创建动画、插图或素描风格的图像。这些创新应用功能，充分利用了 AI 的图像识别、自然语言处理等技术，从用户实际需求出发，为用户创造了更多的价值，也进一步丰富了苹果设备的使用场景。

苹果公司以隐私保护为根基，借助自研芯片的算力优势，将 AI 深度融合于系统与应用，并积极赋能开发者，构建起一个特色鲜明、层次分明的 AI 布局体系。这一布局使苹果在 AI 竞争中走出一条差异化道路，不仅为用户带来了安全、便捷、创新的智能体验，也为其产品生态注入了新的活力，持续巩固着自身在全球科技市场的领先地位，引领着 AI 技术在消费电子领域的深度应用与发展潮流。

亚马逊：以电商与云服务两大核心业务为基，打造全栈式 AI 生态布局

在人工智能的激烈竞争赛道上，亚马逊依托电商与云服务两大核心业务，从芯片自研到模型构建，从应用场景渗透到生态平台搭建，形成了"垂直整合＋开放赋能"的双重竞争优势，构建起极具特色的 AI 发展体系。

自研芯片：构建低成本算力护城河

亚马逊在 AI 芯片领域的布局，展现出"自主可控＋成本优化"的鲜明特点。通过收购 Annapurna Labs，亚马逊成功打造 Trainim 和 Inferentia 芯片组合，实现 AI 计算全流程覆盖。显著降低数据中心的运营成本。这种从训练到推理的芯片自研策略，使亚马逊在 AI 算力领域摆脱对英伟达等供应商的依赖，不仅保障了自身业务的算力需求，还能通过 AWS 云服务向客户提供高性价比的算力支持，在成本敏感的云服务市场中建立起强大的竞争壁垒。

大模型：以性价比破局市场竞争

亚马逊推出的 Amazon Nova 系列大模型，以"低价高效"为核心定位，打破大模型市场高价竞争的常规格局。Nova 系列涵盖多模态模型，支持 200 种语言，功能覆盖文本、图像、视频处理等多个领域。这种高性价比策略，吸引了大量中小开发者和企业用户，尤其是在预算有限但对 AI 功能有需求的市场中，Nova 系列为亚马逊赢得了差异化竞争优势，也加速了 AI 技术的普及。

电商业务：AI 驱动的精准运营体系

作为全球电商巨头，亚马逊将 AI 深度融入电商全链路，形成"数据驱动＋智能决策"的独特运营模式。在商品推荐环节，基于用户行为数据的 AI 算法能够实现"千人千面"的精准推荐，不仅展示相关商品，还能根据用户历史购买偏好推荐配套产品，有效提升用户购物转化率。在客户服务方面，零售 AI 助手能实时分析用户咨询内容，结合商品评价数据提供个性化解决方案，将用户咨询响应时间缩短 60%。物流环节的 AI 预测系统，可提前规划仓储布局和配送路线，使库存周转率提升 30%，这种全链路 AI 赋能让亚马逊在电商运营效率和用户体验上远超竞争对手。

AWS 云服务：开放生态的构建者

AWS 云服务是亚马逊 AI 布局的关键支点，以"开放平台＋一站式服务"的模式，打造全球领先的 AI 应用开发生态。Amazon Bedrock 平台允许用户通过 API 调用亚马逊自研及第三方预训练模型，大幅降低企业开发 AI 应用的技术门槛。AWS 为开发者提供了从模型训练、部署到应用开发的完整解决方案。这种开放生态吸引了全球超百万开发者和企业入驻,使 AWS 在全球云 AI 市场份额持续领先,也让亚马逊成为 AI 技术商业化的重要枢纽。

跨领域探索:多元化应用的创新者

亚马逊在 AI 应用拓展上展现出"核心延伸+跨界创新"的特点。基于电商和云服务积累的技术与数据优势,亚马逊将 AI 拓展到智能语音、医疗健康等领域。Alexa+升级后,依托大模型技术实现更自然的人机交互,不仅用于智能家居控制,还能结合电商数据提供个性化购物建议,成为连接用户生活与消费的智能中枢。在医疗领域,亚马逊通过分析医疗数据预测疾病趋势、优化资源分配,虽然尚处于探索阶段,但已展现出利用 AI 技术解决行业痛点的潜力,为未来业务拓展开辟新方向。

亚马逊的 AI 布局以多元业务为土壤,通过全栈式技术研发、高性价比产品策略、深度场景应用和开放生态构建,形成了独特的竞争优势。这种布局不仅推动了亚马逊自身业务的持续增长,也为全球 AI 产业发展提供了新的思路,展现了科技巨头在 AI 时代的创新与引领能力。

小结

本章深入剖析了中美科技巨头的 AI 布局,从中可以看出,AI 呈现出多元化的发展路径与鲜明的竞争特色。中国企业立足本土,在技术创新与行业应用上实现突破。华为构建全栈 AI 生态,从芯片到行业解决方案,助力产业智能化转型;百度以模型驱动,在自然语言处理和自动驾驶等领域成果显著;阿里聚焦核心业务,通过算力基建与模型研发赋能电商、物流等场景;腾讯以"技术＋场景"双轮驱动,在社交、游戏等业务中深化 AI 应用;字节跳动凭借创新能力,打造多模态大模型与丰富的 C 端、B 端应用;科大讯飞深耕语音及认知智能,在教育、医疗行业形成独特优势。

美国科技巨头则凭借全球影响力与技术领先性,引领 AI 发展潮流。英伟达专注芯片与软件生态,成为 AI 算力领域的核心供应商;特斯拉以自动驾驶为核心,用数据驱动技术创新;微软通过绑定 OpenAI 与自研模型,重塑办公与科研范式;谷歌依托自研模型和多元产品,推动 AI 在搜索、地图等场景的深度应用;苹果以隐私保护为前提,将 AI 与硬件、系统深度融合;亚马逊依托电商与云服务,构建全栈式 AI 生态,实现从芯片到应用的全面布局。

这些科技巨头的布局不仅推动了自身业务的增长,也为全球 AI 产业发展提供了范本。它们在技术研发、生态构建、场景落地等方面的探索,加速了 AI 技术的普及与创新,促进了各行业的智能化变革。未来,随着竞争的持续升级,科技巨头们的 AI 布局将进一步推动技术边界的拓展,深刻影响人类社会的生产与生活方式,塑造更加智能的未来。

第九章

资本市场：AI投资的决策与动向

在数字经济浪潮席卷全球的当下，人工智能早已超越技术概念范畴，成为资本市场最为炙手可热的投资标的。从科技巨头频频出手的战略布局，到风险资本对初创企业的青睐有加，再到全球范围内此起彼伏的融资热潮，AI领域正上演着一场场资本与创新的深度碰撞。未来3年，全球AI投资规模呈两位数增长，背后不仅是生成式AI、AI芯片等技术突破带来的颠覆性机遇，更是各行业智能化转型催生的庞大市场需求。资本的流向如同精准的风向标，既勾勒出AI产业发展的脉络，也预示着未来经济增长的新引擎。深入剖析资本市场如何解读AI的发展潜力，通过投资数据、区域差异、热点赛道及典型案例，揭开资本与AI技术相互赋能、共同进化的密码。

全球 AI 投资概况

全球投资规模及增长趋势

近年,全球 AI 投资规模犹如坐上了高速列车,一路疾驰攀升。根据斯坦福《2025 人工智能指数报告》,2024 年,全球 AI 总投资额 2 523 亿美元,较 2023 年增长 25.5%。其中,私人投资增幅最大,较上年增长 44.5%,并购活动增长 12.1%。过去 10 年,与人工智能相关的投资增长了近 13 倍,在科技投资领域一骑绝尘。

如此迅猛的增长势头背后,有着深刻的技术和市场驱动因素。

从技术层面来看,AI 技术在深度学习、机器学习等核心领域取得了一系列重大突破。以深度学习算法为例,其在图像识别、语音识别以及自然语言处理等关键应用场景中的精度和效率都实现了质的飞跃。例如,OpenAI 的 GPT 系列模型,从 GPT-3 到 GPT-4 的迭代过程中,模型的参数规模不断扩大,语言理解与生成能力大幅提升,能够更加准确、流畅地处理各种复杂的自然语言任务,这使得 AI 在实际应用中的可行性和实用性大大增强,吸引了大量资本的涌入。

从市场需求角度而言,各行业对 AI 技术的渴望与日俱增。传统制造业为了提升生产效率、降低成本,纷纷引入 AI 技术进行智能化升级。比如宝马汽车的生产工厂,利用 AI 视觉检测系统,能够快速、精准地检测汽车零部件的质量缺陷,有效提高了整车的生产质量和生产效率。在医疗领域,AI 技术的应用更是为医生们提供了得力助手。

通过对海量医疗影像数据的快速分析，AI系统能够帮助医生更准确地发现疾病迹象，提升疾病诊断的准确率和效率。这些成功的应用案例让企业深刻认识到AI技术对提升自身竞争力的巨大价值，进而促使它们加大在AI领域的投资力度。

地区差异分析

全球AI投资呈现出显著的地域差异，美国和中国无疑是两大核心区域。

美国凭借其在科技研发、顶尖高校资源以及成熟资本市场等方面的深厚底蕴，在AI投资领域一直占据着领先地位。

根据斯坦福《2025人工智能指数报告》，2024年美国人工智能私人投资总额1 091亿美元，是排名第二的中国（93亿美元）的11.7倍，是英国投资金额的24.1倍（45亿美元）。2024年排名前15的其他国家还包括瑞典（43亿美元）、奥地利（15亿美元）、荷兰（11亿美元）和意大利（9亿美元）等。

美国的AI投资主要集中在加利福尼亚州的硅谷地区，这里汇聚了如谷歌、微软、英伟达等全球顶尖的科技巨头。这些企业凭借雄厚的资金实力和强大的研发团队，在AI基础研究、核心技术开发以及前沿应用探索等多个方面都处于世界领先水平。同时，美国还拥有众多极具创新活力的AI初创企业，在风险投资的支持下，不断在细分领域创新突破，形成了一个完整且活跃的AI生态系统。

根据斯坦福《2025人工智能指数报告》，中国作为全球AI领域的后起之秀，2024年人工智能私人投资93亿美元，自2013年以来，累计投资总额1 193亿美元。当然,因为中国投资中政府主导的比例较高,或许IDC预测更具有参考性。根据IDC预测,2028年中国人工智能投资规模将突破1 000亿美元,5年复合增长率为35.2%。

中国在AI投资方面的迅猛发展,得益于多方面的因素。

首先,政府的大力支持为AI产业的发展提供了坚实的政策保障。政府出台了一系列鼓励AI产业发展的政策,如设立专项产业基金、提供税收优惠、建设AI产业园区等,为AI企业的发展创造了良好的政策环境。例如,国家发改委、科技部等多部门联合发布的《关于促进人工智能和实体经济深度融合的指导意见》,明确提出要加大对AI产业的资金支持和政策扶持力度,引导社会资本投向AI领域。

其次,中国庞大的市场需求和丰富多样的应用场景为AI技术的落地提供了广阔的空间。以电商行业为例,阿里巴巴利用AI技术对智能推荐系统进行优化,根据用户的浏览历史、购买行为等多维度数据,精准地为用户推荐商品,极大地提升了用户的购物体验和平台的销售额。在智能安防领域,中国的安防企业通过应用AI技术,实现了对视频图像的实时分析和处理,能够快速识别出异常行为和安全隐患,有效保障了社会的安全和稳定。

再者,丰富的人才资源为中国AI产业的发展提供了强大的智力支持。中国众多高校和科研机构加大了对AI专业人才的培养力度,每年都有大量优秀的AI专业人才毕业并投身于产业发展。同时,中国还积极吸引海外优秀AI人才回国创业和就业,进一步充实了国内的AI人才队伍。

除了美国和中国,其他地区在AI投资方面也各有亮点。欧洲地区凭借其在工业制造、汽车研发等传统优势领域的深厚基础,积极推动 AI 技术与传统产业的融合发展。德国在工业 4.0 战略的推动下,大力投资工业 AI 领域,通过 AI 技术实现工厂生产流程的智能化管理和优化,提高生产效率和产品质量。英国则在 AI 医疗、金融科技等领域具有较强的研发实力和投资活跃度,其中一些 AI 医疗初创企业在疾病预测、个性化医疗方案制定等方面取得了显著进展,吸引了不少资本的关注。亚洲的日本和韩国也在积极布局 AI 产业。日本在机器人技术、人工智能伦理等方面有着深入的研究和投资,韩国则在 AI 芯片、智能家电等领域加大投入,试图在全球 AI 竞争格局中占据一席之地。

资本重点关注的细分领域

在 AI 投资的广袤版图中,并非所有细分领域都能获得资本的青睐。经过对近三年投资数据的深度剖析以及对市场趋势的紧密追踪,我们发现资本正重点聚焦于几个极具潜力的细分领域,这些领域凭借其独特的技术优势、广阔的应用前景,成为资本市场的宠儿。

生成式 AI

生成式 AI 无疑是近年来 AI 领域中最闪耀的明星,也是资本竞相追逐的焦点。简单来讲,生成式 AI 是一种能够依据给定的输入数据,创造出全新且具有一定创造性内容的人工智能技术。

从投资规模来看,生成式 AI 表现格外突出。IDC 预测,全球生成式 AI 市场在未来五年将呈现爆发式增长,复合增长率或高达 63.8%。到 2028 年,全球生成式 AI 市场规模将攀升至 2 842 亿美元,在 AI 市场投资总规模中的占比达 35%,成为推动 AI 市场前行的关键力量。中国生成式 AI 市场增长强劲。2024 年,生成式 AI 领域的投资在中国 AI 市场总投资规模中占比达 18.9%,已然成为行业发展的重要驱动力。随着技术迭代加速与应用场景不断拓展,IDC 预测,到 2028 年这一占比将大幅跃升至 30.6%,投资规模突破 300 亿美元大关。未来五年间,中国生成式 AI 投资的复合增长率将高 51.5%,彰显出其在 AI 产业生态中愈发关键的战略地位与蓬勃发展的强劲势头。

生成式 AI 能吸引如此巨额的资本,关键在于其广阔无垠的应用前景。在内容创作领域,生成式 AI 展现出了巨大的潜力。以文本创作为例,如今许多新闻媒体已经开始运用生成式 AI 来撰写简单的新闻报道,比如体育赛事结果、财经数据报道等。像 Automated Insights 公司开发的 Wordsmith 平台,能够根据给定的数据快速生成新闻稿件,每年生成的稿件数量高达数十亿篇。在广告文案创作方面,生成式 AI 可以根据产品特点和目标受众,迅速生成多种风格的广告文案,为广告策划人员提供丰富的创意灵感。例如,字节跳动的云雀模型能够依据用户输入的产品信息和要求,生成极具吸引力的广告文案,大大提高了广告创作的效率和质量。生成式 AI 还在电商、游戏、影视等行业得到了广泛应用,极大地加速了项目的前期策划和设计过程。

从竞争格局来看,全球生成式 AI 领域呈现出多元化的竞争态势。

在美国，OpenAI 凭借其 GPT 系列模型在全球范围内占据了领先地位。GPT-4 强大的语言理解和生成能力，使其在自然语言处理任务中表现卓越，吸引了众多企业和开发者的使用。谷歌则依托其深厚的技术积累和强大的计算资源，推出了 BERT、LaMDA 等生成式 AI 模型，在搜索、智能助手等领域发挥着重要作用。微软通过与 OpenAI 的合作，将 GPT 技术集成到其办公软件、搜索引擎等产品中，进一步拓展了生成式 AI 的应用场景。在中国，百度的文小言、字节跳动的云雀模型、阿里的通义千问等也在市场上崭露头角。文小言在知识问答、内容创作等领域表现出色，为用户提供了高质量的语言交互服务。云雀模型凭借其在多模态生成方面的优势，在图像生成、文本—图像转换等任务中取得了良好的效果。通义千问则专注于企业级应用场景，为企业提供智能客服、智能写作等解决方案。此外，还有许多新兴的初创企业也在生成式 AI 领域积极创新，试图在细分市场中占据一席之地。例如，国内的一些专注于特定领域内容生成的初创公司，通过深耕垂直领域，为客户提供定制化的生成式 AI 解决方案，也获得了资本的关注和支持。

AI 芯片

AI 芯片作为 AI 技术的硬件基石，是实现 AI 算法高效运行的关键所在，因而成为资本重点布局的细分领域。AI 芯片与传统芯片在设计理念和功能上存在显著差异。传统芯片主要面向通用计算任务，追求在多种不同类型计算任务中的平衡性能。而 AI 芯片则是专门为 AI 算法中的大规模矩阵运算、深度学习模型的训练和推理等任务而设计，具有更高的计算效率和能效比。以英伟达的GPU（图形处理器）为例，它最初是为图形渲染而设计的，但由于其强大的并行计算能力，非常适合处理AI算法中的矩阵乘法的运算，因此逐渐成为AI训练和推理的主流芯片。

在全球范围内，AI芯片领域的投资热度持续高涨。德勤中国发布的《技术趋势2025》中文版报告显示，预计到2025年，新一代AI芯片价值将超过1 500亿美元。投融资方面，截至2024年年末，全球AI芯片初创公司投融资额已累计超过76亿美元，其中包括RISC-V架构AI芯片、AI推理芯片、光子芯片、NPU、AI芯片制造设备等细分领域。

资本之所以如此青睐AI芯片领域，主要是因为其巨大的市场需求。随着AI技术在各个领域的广泛应用，对AI芯片的算力需求呈现出爆发式增长。在数据中心，大量的AI训练任务需要强大的算力支持。以OpenAI训练GPT-4模型为例，其使用了数千块英伟达的A100 GPU芯片，构建了庞大的计算集群，耗费了巨大的计算资源和电力成本。随着AI应用场景的不断拓展，如智能安防、智能驾驶、智能家居等领域对边缘计算的需求日益增加，这也对AI芯片在低功耗、小型化等方面提出了更高的要求。在智能安防领域，需要在摄像头端实时进行图像识别和分析，以实现异常行为检测、人员身份识别等功能，这就要求AI芯片能够在低功耗的情况下，快速、准确地处理大量的图像数据。

从竞争格局来看，全球AI芯片市场竞争激烈，呈现出多元化的竞争态势。英伟达作为全球AI芯片领域的龙头企业，凭借其在GPU技术方面的领先优势,在 AI 训练市场占据了主导地位。其推出的 A100、H100 等系列 GPU 芯片,具有极高的算力和出色的性能表现,被广泛应用于全球各大 AI 数据中心。英特尔也在积极布局 AI 芯片领域,通过收购以色列的 AI 芯片公司 Habana Labs,推出了 Gaudi 系列 AI 芯片,试图在 AI 训练和推理市场分得一杯羹。谷歌则自研了 TPU(张量处理单元)芯片,专门为其深度学习框架 TensorFlow 进行优化,主要应用于谷歌内部的搜索、推荐等业务场景,同时也向外部企业提供云服务。在中国,也涌现出了一批优秀的 AI 芯片企业。寒武纪作为国内 AI 芯片领域的领军企业,推出了思元系列 AI 芯片,在智能安防、智能驾驶等领域得到了广泛应用。华为海思凭借其在通信芯片领域的技术积累,研发了昇腾系列 AI 芯片,为华为的智能计算业务提供了强大的算力支持。此外,还有燧原科技、地平线等企业也在 AI 芯片领域不断创新,推出了具有竞争力的产品。例如,地平线专注于智能驾驶领域的 AI 芯片研发,其推出的征程系列芯片,在车规级 AI 芯片市场具有较高的市场份额,为众多汽车厂商提供了智能驾驶解决方案。

AI 医疗

AI 医疗是 AI 技术与医疗行业深度融合的产物,旨在利用 AI 技术提高医疗服务的效率和质量,改善患者的就医体验。其涵盖了医疗影像诊断、疾病预测、药物研发、智能健康管理等多个细分领域。在医疗影像诊断方面,AI 技术可以通过对 X 光、CT、MRI 等医疗影像的快速分析,帮助医生更准确地发现疾病迹象。例如,在肺癌诊断中,AI

系统能够快速识别肺部影像中的结节，并通过对结节的大小、形状、密度等特征的分析，判断其是否为恶性肿瘤，大大提高了肺癌早期诊断的准确率。在疾病预测领域，AI 可以通过对患者的电子病历、基因数据、生活习惯等多源数据的分析，预测患者患某种疾病的风险。例如，通过分析大量糖尿病患者的数据，AI 模型可以预测哪些人未来患糖尿病并发症的风险较高，从而提前采取干预措施。

从投资数据来看，根据斯坦福《2025 人工智能指数报告》，2024 年全球 AI 医疗投资额高达 110 亿美元。AI 医疗领域吸引资本的原因主要在于其巨大的市场潜力和社会价值。随着全球人口老龄化的加剧、慢性疾病发病率的上升以及人们对健康重视程度的不断提高，医疗行业面临着巨大的压力。AI 技术的应用有望缓解这些压力，提高医疗资源的利用效率。例如，在医疗影像诊断中，AI 可以快速筛选大量的影像，标记出可疑区域，减轻医生的工作负担，提高诊断效率。在疾病预测方面，提前发现高风险人群，进行早期干预，可以降低疾病的发生率和治疗成本。在药物研发领域，AI 能通过分析大量的生物数据，加速药物靶点的发现和筛选过程，缩短药物研发周期。智能健康管理方面，借助可穿戴设备和 AI 技术，实时监测用户的健康数据，提供个性化的健康建议和预警，实现疾病的预防。

全球范围内，众多企业和科研机构积极投身于 AI 医疗领域。美国在该领域处于领先地位，拥有众多知名企业和研究机构。如 IBM 的 Watson for Oncology 系统，能够为医生提供癌症治疗方案建议。中国在 AI 医疗领域发展迅速，涌现出了许多本土企业并取得了显著成果。例如，推想医疗的 AI 医学影像解决方案在肺部疾病、心血管疾病等诊断中得到了广泛应用。联影医疗将 AI 技术融入医学影像设备，提升了设备的性能和诊断准确性。此外，还有许多初创企业专注于 AI 医疗细分领域，如医疗数据智能分析、智能康复设备研发等，获得了资本的关注和支持。

智能驾驶

智能驾驶是 AI 技术在交通出行领域的重要应用，旨在通过 AI 实现车辆的自动驾驶，提高交通安全性和效率。智能驾驶系统融合了多种技术，包括传感器技术（如摄像头、雷达、激光雷达等）、AI 算法（如目标检测、路径规划、决策控制等）以及通信技术（如车联网技术）。通过这些技术的协同工作，车辆能够感知周围环境、做出决策并自动控制行驶。

从投资情况来看，据新战略低速无人驾驶产业研究所不完全统计，2024 年 1—12 月，国内自动驾驶领域公开 185 起重要投融资事件，较 2023 年增加 30%；披露的融资总金额超 370 亿元（含收并购、IPO 募资），较 2023 年增加 76%。

智能驾驶吸引资本的原因主要在于其巨大的市场前景和社会价值。随着城市化进程的加速和汽车保有量的不断增加，交通拥堵和交通事故成为亟待解决的问题。智能驾驶技术有望通过优化交通流量、提高车辆行驶安全性，有效缓解这些问题。同时，智能驾驶还将为出行方式带来革命性的变化，创造新的商业模式和市场机会。例如，无人驾驶出租车、物流配送等领域具有巨大的发展潜力。

在全球竞争格局方面，美国的特斯拉在智能驾驶领域处于比较领先的地位，其 Autopilot 自动驾驶辅助系统已经在大量车辆上得到应用，并通过不断的软件升级持续提升性能。此外，谷歌的 Waymo 在无人驾驶技术研发方面也取得了显著进展，在多个地区进行了无人驾驶出租车的试点运营。在中国，众多企业也在积极布局智能驾驶领域。华为推出以智驾为核心的"乾崑智驾"品牌在众多车系中搭载，比亚迪在"天神之眼"智能驾驶技术与新能源汽车的融合方面不断探索。百度的 Apollo 自动驾驶平台为众多合作伙伴提供了技术支持。此外，还有许多初创企业专注于智能驾驶细分领域，如传感器研发、AI 算法优化等，获得了资本的青睐。

综上所述，生成式 AI、AI 芯片、AI 医疗和智能驾驶等细分领域凭借其独特的技术优势和广阔的应用前景，成为近三年资本重点关注的对象。随着技术的不断进步和市场的逐渐成熟，这些领域有望在未来创造出更大的价值，推动 AI 产业的持续发展。

重点投资案例分享

美国典型案例

OpenAI 的巨额融资与生态拓展

2024 年，OpenAI 完成了一笔高达 66 亿美元的巨额融资，这一消息在全球 AI 领域引发了强烈震动。公司估值随之飙升至 1 570 亿美元，成为全球最具价值的私营科技公司之一。本轮融资阵容堪称豪华，由 Thrive Capital 领投，微软、软银、英伟达、Altimeter Capital、

Khosla Ventures 等一众重量级玩家纷纷跟投。自推出 ChatGPT 以来，OpenAI 在 AI 领域的影响力呈指数级增长。其业务范围不断拓展，从自然语言处理领域的 ChatGPT，到创造性图像生成工具 DALL-E，再到语音转文字技术的标杆产品 Whisper，涵盖了语言、图像、声音等多个 AI 关键领域。这笔巨额融资为 OpenAI 注入了强大动力，资金主要用于深化前沿 AI 技术研究，探索通用人工智能（AGI）的边界，同时拓展全球业务生态。通过与微软等战略投资方的紧密合作，OpenAI 的技术得以快速嵌入微软庞大的云服务和办公套件生态系统，进一步扩大了其技术的应用范围和用户群体，引领全球 AI 技术发展潮流，也吸引了更多资本聚焦前沿 AI 技术研发领域。

xAI 的快速崛起与融资历程

埃隆·马斯克创立的 xAI 自 2023 年诞生起，便以惊人的速度在 AI 领域崭露头角。2024 年，xAI 完成了两轮大规模融资，融资总额高达 120 亿美元，成为当年 AI 领域的焦点之一。5 月的首轮融资由红杉资本和 Andreessen Horowitz 领投，公司估值达到 240 亿美元；11 月的第二轮融资则将公司估值一举推升至 500 亿美元，卡塔尔投资局和 Valor Equity Partners 等知名投资机构参与其中。xAI 专注于生成式 AI 领域，其核心产品 Grok 对标 ChatGPT 和 Claude。Grok 的独特之处在于，它是基于 X（原 Twitter）平台的动态数据进行训练，在对话内容的相关性、深度以及语境记忆处理上表现出色，为用户带来了更个性化、自然的交互体验。上线不到 1 年，Grok 就吸引了超过 300 万活跃用户，用户数月增长率超过 50%，且 90% 的用户表示愿意续订高级服务，展现出强大的市场吸引力和用户黏性。借助融资，xAI 得以加大研发投入，拓展团队规模，未来还计划将产品集成至特斯拉车载助手等更多应用场景，在资本与品牌效应的双重加持下，有望重塑生成式 AI 赛道的竞争格局。

Waymo 的战略融资与自动驾驶布局

2024 年，自动驾驶领域的先驱 Waymo 从母公司 Alphabet 获得了 56 亿美元的融资，这是自 2021 年以来 Waymo 获得的最大一笔资金注入，公司估值也因此提升至 450 亿美元。作为全球首批实现 L4 级自动驾驶技术商业化的公司之一，Waymo 的 Waymo One 无人驾驶出租车服务已在凤凰城和旧金山等地实现规模化运营。截至 2024 年年底，Waymo One 的总行驶里程突破 4 000 万英里，无人驾驶测试车队行驶里程超过 2 000 万英里，用户满意度高达 92%，近 75% 的用户在首次使用后愿意再次选择该服务。这笔融资主要用于扩大 Waymo One 的服务覆盖范围，加速在更多美国城市的部署，计划在未来两年内将服务城市数量翻倍。同时，Waymo 还将利用资金进一步优化自动驾驶系统的硬件和软件集成，降低单车成本。在 Cruise、Aurora 等竞争对手快速崛起的背景下，Waymo 凭借技术与资金优势，有望巩固其在自动驾驶领域的领先地位，推动自动驾驶技术从实验走向日常应用，也为行业发展提供了宝贵的实践经验和发展方向。

中国典型案例

星海图的系列融资与技术突破

2025 年 4 月 3 日，星海图宣布接连完成 A2、A3 轮系列融资，总融资额超 3 亿元人民币。这两轮融资堪称阵容强大，由凯辉基金领投，联想创投、海尔资本等产业资本参投,老股东 IDG 资本、高瓴创投、百度风投、同歌创投等追投,部分老股东甚至多轮满额、超额持续加注。星海图于 2023 年才成立,虽是 AI 领域的"新面孔",却已在本体与智能双向能力建设上构建起清晰领先的技术护城河。其专注于空间智能技术研发,致力于为机器人、智能驾驶等多领域提供高精度地图与定位解决方案。这笔融资将用于进一步加大研发投入,拓展团队规模,加速产品在市场上的推广与应用。通过融资,星海图有望在空间智能领域持续创新,推动相关产业的智能化升级,为国内 AI 初创企业在技术驱动型融资发展方面树立典范。

智谱 AI 的战略融资与生态构建

2024 年,智谱 AI 在 AI 大模型领域持续发力,获得了多轮战略融资,融资总额高达数十亿元。参与投资的机构包括君联资本、清科资管等众多知名投资机构。智谱 AI 专注于研发高性能的人工智能大模型,其研发的智谱清言在自然语言处理方面表现卓越,具备强大的语言理解、生成和对话能力。凭借融资所得,智谱 AI 不断优化模型性能,拓展应用场景,与众多企业展开深度合作,构建 AI 生态体系。在金融领域,智谱清言为银行提供智能客服解决方案,大幅提升客服效率与客户满意度;在教育领域,助力在线教育平台实现智能辅导与个性化学习推荐。通过多轮融资,智谱 AI 巩固了在国内大模型市场的领先地位,推动了 AI 技术在各行业的深度应用,也吸引了更多资本关注大模型及相关应用领域的发展。

九识智能 B 轮融资与 L4 运程突破

2025 年 4 月,全球 L4 级城配自动驾驶领军企业九识智能宣布完成近 3 亿美元 B 轮融资交割,这是近两年自动驾驶领域最大单轮融资。本轮融资由鼎晖百孚、蓝湖资本等联合领投,亚投资本等跟投,光源资本担任独家财务顾问。

九识智能以 90% 的城配自动驾驶整车销售市占率位居行业首位。2024 年,其累计交付超 3 000 辆车,服务 600 余家客户,L4 运营总里程突破 1 200 万千米。其"交钥匙售车+全周期运维"模式,帮客户降低超 50% 运营成本。

融资资金将重点用于:下一代 L4 产品研发,保持技术优势;自建供应链,提升核心零部件产能;加速开拓中东、东南亚等海外市场;搭建覆盖 200+城市的运营网络与产业联盟,持续巩固其在自动驾驶城配领域的领军地位。

燧原科技的战略融资与云端算力平台扩建

燧原科技自 2018 年成立以来,已完成 10 轮融资,累计融资额近 70 亿元,估值高达 160 亿元。背后有国家大基金、腾讯、美图等知名投资机构的支持。并已于 2024 年 8 月 23 日在上海证监局办理了上市辅导备案,计划冲刺 A 股 IPO。若成功上市,将成为继寒武纪之后的"AI 芯片第二股"。作为国内少数能与英伟达 GPU 形成替代的企业,燧原科技的"邃思"系列芯片算力达 500TOPS,能效比提升 30%,已应用于百度智能云、字节跳动数据中心,支持大模型训练与推理任务。融资后,燧原科技将扩建 12nm 制程芯片生产线,预计 2025 年产能达 100 万片,同时开发面向边缘计算的低功耗芯片。其与阿里云合作的

"飞天智算平台",为中小企业提供普惠算力服务,算力成本较国际竞品降低50%,已吸引超3万家企业入驻。此次融资不仅增强了中国在云端算力领域的自主可控能力,更推动AI算力从"高端专用"走向"普惠通用",为千行百业数字化转型提供底层支撑。

小结

本章围绕资本市场对AI发展的态度,从投资概况、重点关注领域及典型案例三个维度,全面展现了AI产业在资本驱动下的蓬勃发展态势。

在投资规模与区域格局上,2024年全球AI投资近2 523亿美元,较2023年增长25.5%。背后是技术突破与市场需求的双重驱动。美国和中国作为AI投资的核心区域,展现出不同的发展路径:美国凭借科技巨头与创新生态领跑,2024年私人投资突破1 091亿美元;中国则依托政策支持、庞大市场和人才储备,私人投资规模在2024年达到93亿美元,和美国还存在较大差距,主要原因是中国政府投入占比较大。欧洲、日本、韩国等地区也在各自优势领域积极布局,形成全球竞争格局。

资本重点关注的细分领域中,生成式AI凭借内容创作领域的颠覆性潜力成为最受关注的领域;AI芯片作为算力基石,因数据中心与边缘计算需求激增,投资规模持续攀升;AI医疗在提升诊断效率、加速药物研发等方面的价值,吸引大量资本助力医疗变革;智能驾驶则因缓解交通压力、重塑出行模式的前景,成为资本布局的战略高地。这些领域的技术创新与市场需求共振,吸引资本持续涌入。

典型案例进一步印证了资本对AI发展的推动作用。美国的OpenAI凭借资本的力量拓展技术边界,打造差异化产品。中国的星海图、智谱AI、九识智能、燧原科技等企业,也通过多轮融资实现技术突破与产业落地。这些案例表明,资本不仅为企业提供研发与扩张的资金,更推动AI技术从概念走向应用,重塑行业竞争格局。

展望未来,随着AI技术的持续演进,资本市场将继续在产业发展中扮演关键角色。

第十章

AI 赋能：我们如何拥抱未来

未来已来。在科技日新月异的今天，人工智能正在深刻地重塑我们的职场。有的岗位正面临着前所未有的挑战，而有的岗位却焕发勃勃生机。有的人担心自己是否会失业，有的人对此却漠不在乎。那到底哪些岗位容易被 AI 替代，哪些岗位会受益于 AI 的发展？作为职场人士，我们应该以何种心态，面对高速发展的 AI？哪些 AI 技术我们应该尽快掌握，才会不落后于别人？

职业规划：高危岗位和抗 AI 岗位

从四次工业革命看普通白领如何应对 AI 冲击

前些年，笔者曾赴华尔街考察，与美国证券分析师交流时惊讶地发现，高盛投资部门的 600 名操盘手被削减至仅剩 3 人，背后的原因正是 AI 的冲击。国际劳工组织发布的报告指出,未来 10 年内,全球制造业中将有 47% 的重复性岗位被自动化技术取代。

这场由人工智能引发的新一轮科技革命,其冲击力丝毫不亚于历史上的前几次工业革命。那我们一起看看前几次工业革命是怎样影响我们的工作的。

第一次工业革命(机器革命)始于 18 世纪 60 年代的英国,其标志性事件是詹姆斯·瓦特对蒸汽机的改良。在此之前,人类的生产活动主要依赖人力和畜力,效率极为低下。蒸汽机的问世宛如一双强有力的巨手,将人类从农业文明的束缚中解放出来,引领我们迈入工业时代。在曼彻斯特的纺织厂中,珍妮纺纱机的轰鸣声让工人们深刻认识到:即便手指再灵活,也难以与钢铁齿轮的高速运转相抗衡。一些激进分子甚至试图破坏机器。这场由蒸汽机引发的革命最终启示我们,当技术革命的浪潮汹涌而至时,与其抱怨蒸汽,不如学会如何掌控锅炉。

第二次工业革命(电气革命)于 19 世纪 70 年代拉开帷幕,美国和德国成为这场变革的先锋。电力的广泛应用成为其显著特征,人类由此迈入电气时代。发电机和电动机的发明,使得电力能够高效地生产与传输,为工业生产和日常生活带来了翻天覆地的变化。内燃机的问世则推动了交通运输业的巨大变革,汽车和飞机的出现,极大地缩短了时空距离,人员和物资的流动变得更加高效便捷。

爱迪生的电灯点亮了人类的未来,但当时的《纽约时报》却忧心忡忡:"电气化将使蜡烛工人全部失业",却忽略了电网维护员、电器工程师等新兴职业的应运而生。电气时代启示我们,技术淘汰岗位的速度，永远赶不上创造新机遇的步伐。

　　第三次工业革命（信息革命）始于 20 世纪四五十年代，美国继续在这一领域保持领先地位。信息技术成为此次革命的核心，电子计算机的发明和应用标志着人类进入信息时代。随着计算机运算速度的不断提升和体积的不断缩小，从大型机发展到个人电脑，PC 逐渐在千家万户普及，图灵机的二进制代码重塑了文明的基因。1995 年，笔者在上海首次通过电话线将电脑接入互联网时，绝不会想到 30 年后，互联网已渗透到生活的方方面面，甚至购买日常用品都离不开移动支付。互联网的普及使全球信息交流变得无比迅速，也让世界各国步入了全球化时代。这场数字革命揭示的真理是：计算机取代的不是人类，而是那些不会使用计算机的人。

　　如今，我们正身处第四次工业革命（AI 时代）。这次不再是某个国家引领，而是世界各国几乎同步参与。ChatGPT 的横空出世，让白领们首次担心 AI 会抢走自己的饭碗。2025 年年初，DeepSeek 打响"免费、开源、低成本"的第一枪，并在性能上挑战 OpenAI 的地位。这导致纳斯达克指数下跌约千点，英伟达市值缩水万亿元人民币，更有外媒惊呼"斯普特尼克时刻"* 来了。

　　更严峻的是，这次 AI 革命不再满足于替代体力劳动，开始挑战人类的大脑，AI 甚至能够替代管理层的决策判断。它以人工智能、量子信息技术、新能源、机器人技术、虚拟现实 AR 和生物技术等为核心，各项新兴技术相互融合，模糊了物理、数字和生物世界的界限。制造

---

* 指 1957 年苏联发射的第一颗人造卫星"斯普特尼克"1 号，此举击败了美国，率先进入太空。

业向智能化和数字化迈进,个性化定制生产逐渐取代大规模批量生产,以满足消费者多样化的需求。在智能工厂中,机器人和工人协同作业,通过物联网实现设备互联互通,生产过程变得更加高效和精准。

在第四次工业革命的浪潮中,人工智能的迅猛发展正对许多传统白领岗位构成威胁。诸如法律助理、基础数据录入员以及简单文档处理人员等职位,极易被 AI 软件所取代。未来,大量从事常规工作的白领可能面临失业的风险。然而,人工智能技术同样带来了新的机遇,将催生一系列新兴岗位。

高危岗位:哪些岗位容易被 AI 替代

对于重复性劳动和计算类工作,AI 凭借其强大的计算能力、数据处理能力和学习能力,逐步展现出超越人类的效率和准确性。

基础翻译岗位首当其冲。实时翻译耳机已支持 40 种语言,像百度翻译、谷歌翻译等 AI 翻译工具,不仅能够快速准确地进行文本翻译,还能实现语音实时翻译,在日常交流和简单文档翻译场景中,基本能够满足需求。对于从事基础翻译工作的人员来说,若不寻求转型,将面临巨大的职业危机。

快餐店配餐员岗位也岌岌可危。以上海无人餐厅为例,从顾客下单到出餐只需 28 秒,AI 控制的机械臂能够精准地完成食材处理、烹饪和配餐工作,不仅效率高,而且能保证出品的标准化。相比之下,人工配餐速度慢且容易出错,在成本和效率的双重压力下,快餐店对人工配餐员的需求将大幅减少。

初级法律助理同样面临 AI 的挑战。AI 能够在 10 分钟内读完

1 000页案卷,通过自然语言处理和机器学习技术,快速提取关键信息、分析案例和预测判决结果。这使得初级法律助理从事的法律文档整理、案例检索等基础性工作,完全可以由 AI 高效完成。

短视频剪辑岗位也未能幸免。如今,市面上出现了众多 AI 短视频剪辑工具,能够一键生成抖音爆款视频模板,自动匹配音乐、添加特效和字幕,大大缩短了视频制作时间。对于一些简单的短视频内容,AI 剪辑工具已能满足需求,传统短视频剪辑人员若不提升自己的创意和剪辑水平,将逐渐被市场淘汰。

随着数字人民币的推进和金融科技的发展,越来越多的银行业务可以通过网上银行、手机银行自助办理,AI 客服能够解答客户的常见问题,智能柜台也能完成存取款、转账等基础业务。银行对柜员的需求逐渐减少,柜员岗位面临着转型的压力。

保险理赔员岗位的替代概率也很高,车险 AI 定损准确率超 95%。AI 通过图像识别和数据分析技术,能够快速对车辆受损情况进行评估和定损,相比人工定损更加客观准确,且效率更高。保险行业为了降低成本和提高理赔效率,将更多地采用 AI 定损技术,保险理赔员的工作空间将被进一步压缩。

仓库管理员岗位也有一定的可能被替代。京东无人仓日处理百万订单,AI 调度系统能够精准地管理货物的存储、分拣和配送,实现仓库的自动化运作。人工仓库管理员在效率和准确性上难以与 AI 系统竞争,岗位需求也将随之减少。

随着 Stable Diffusion 等 AI 绘画工具的出现,基础画师岗位被替代的概率持续上升。这些工具能够根据用户输入的文字描述,快速生成高质量的设计图,在一些对创意要求不高的场景中,如广告海报设计、简单插画等,AI 绘画作品已能满足需求。基础画师若不提升自己的艺术创造力和独特风格,将面临失业风险。

随着自动驾驶的普及,货运司机未来也是被替代的高危职业。北京已发放无人配送车牌照,自动驾驶技术的发展使得无人货车有望在未来承担大量的货物运输任务。虽然目前自动驾驶技术还存在一些技术和法律问题,但随着技术的不断成熟,货运司机岗位将受到严重冲击。

此外还有电话销售岗位。目前 AI 客服也有不少应用。AI 外呼系统每天能够拨 2 000 通电话且不会卡壳,通过语音识别和自然语言处理技术,能够与客户进行简单的沟通和推销。对于一些重复性高、话术固定的电话销售工作,AI 外呼系统已能替代人工。

抗 AI 岗位:哪些工作最安全?

人类作为地球上最具智慧的物种,发明了高效率的人工智能,但这并不意味着我们的工作都会被 AI 取代。事实上,那些依赖创造力、情感互动、复杂决策以及跨领域整合能力的职业,构成了人类抵御 AI 冲击的坚固防线。AI 更多的时候是辅助和工具。例如,广告创意总监能够从 AI 生成的 50 个脚本中挑选出 3 个进行再创作,使最终作品的点击率大幅提升 300%;心理咨询师借助 AI 初步筛查后,专注于深度治疗,将客单价从 500 元提高到 800 元;投资经理利用 AI 筛选 200 家企业后,实地考察其中 10 家,其投资回报率比纯 AI 推荐高出 50%;电商数据科学家结合心理学优化推荐算法,使转化率提升了 30%。这些实例清晰地表明，与 AI 抗衡的关键在于让 AI 成为我们的工具，而人类则扮演指挥者的角色。

如何从"AI 高危人群"转型为"AI 指挥官"？普通人可以按照以下三步进行转型：

第一步是与 AI 协作，比如每天花 1 小时使用 DeepSeek 撰写文案，或借助 Midjourney 生成设计图，从而将自己从繁琐的重复劳动中解放出来。例如，某新媒体编辑利用 AI 生成 10 个选题后，专注于内容创作，不仅发文数量翻倍，而且阅读量增长了 50%。

第二步是人机协同，培养行业洞察力以及解决复杂问题的能力，并考取相关领域的专业认证。例如，某会计师利用 AI 处理账务后，专注于税务筹划，帮助企业节省了百万元税款，同时自己的薪资也翻了一番。

第三步是驾驭 AI，大部分人到第二步就已经把 AI 当成工作利器了，要想更进一步，可以掌握模型调优技术，开发垂直领域的应用。例如，某 HR 设计了面试评估模型，将招聘周期从 2 周缩短至 3 天。

在人工智能迅速发展的背景下，某些岗位因其独特性和复杂性，相对而言较难被 AI 取代。这些岗位通常要求创造性思维、复杂决策能力、情感互动以及专业知识的深度应用。以下是几类相对抗 AI 的岗位：

咨询顾问，为客户提供专业的建议和解决方案，这要求他们具备深厚的行业知识与丰富的咨询经验。尽管 AI 能够进行数据分析和提供案例参考，但问题诊断和解决方案的制定仍需依赖人类的智慧与经验。因此，咨询顾问必须持续提升自身的专业能力，以提供高质量的服务。

高级法律顾问。作为为客户提供法律咨询与服务的专业人士,高级法律顾问必须具备深厚的法律知识以及丰富的实践经验。尽管 AI 能够辅助进行法律研究和文档处理,但关键的法律分析与判断依然依赖于人类的法律思维和专业洞察,而与客户的情感连接更是 AI 无法取代的。因此,法律顾问需要不断提升自身的法律素养与实践能力,从而为客户提供更优质、更专业的法律服务。

高级设计师,需要具备卓越的创造力和审美能力,以创造出独特的视觉效果和用户体验。尽管 AI 可以辅助设计流程,但真正具有创意的设计依然离不开人类的灵感和判断。高级设计师需持续学习新的设计工具和技术,以不断提升自身的创造力和创新能力。

创意总监,负责项目的整体创意方向和策略制定,需要敏锐的市场洞察力以及丰富的创意经验。AI 可以提供创意灵感和数据分析支持,但最终的创意决策依然需要人类的智慧和判断。创意总监需不断提升领导能力和战略思维,以带领团队创作出具有影响力的作品。

数据科学家,需要扎实的数学和统计学基础,能够从海量数据中提取有价值的信息并进行分析。尽管 AI 可以处理大量数据,但数据的清洗、特征提取以及模型选择依然需要人类的专业知识和经验。数据科学家需不断学习新的数据分析技术和工具,以提升数据处理和建模能力。

人力资源经理,负责公司的人才招聘、培训与发展,这要求他们具备丰富的人际交往和管理经验。尽管 AI 可以辅助处理一些人力资源相关工作,例如简历筛选和员工评估,但真正的人才识别和团队建设依然需要人类的智慧与判断。人力资源经理需要不断提升人际交往能力和团队管理能力,以打造高效且富有凝聚力的团队。

机器学习工程师,主要职责是设计并实现机器学习算法与模型,这要求他们具备扎实的编程能力和算法基础。尽管 AI 可以自动化部分机器学习流程,但模型的设计、调优以及优化依然需要人类的专业知识和经验。机器学习工程师必须持续学习新的技术和框架,以不断提升算法设计和实现的能力。

高级管理者,负责公司的战略决策和整体运营管理,这需要他们具备敏锐的市场洞察力以及丰富的管理经验。尽管 AI 能够提供数据分析与决策支持,但最终的决策和执行仍需依赖人类的智慧与判断力。CEO 和高级管理者需要不断提升战略思维能力和领导力,以带领公司应对各种挑战并抓住机遇。

适应 AI 时代:职业规划和学习策略

持续学习与技能更新

在人工智能时代,持续学习和技能更新已成为职业发展的关键。随着技术的迅猛发展,新的 AI 工具和方法层出不穷,唯有不断学习并更新自身技能,才能保持竞争优势。建议根据工作需求和个人兴趣,定期参加相关的 AI 专业培训课程,关注 AI 领域的最新动态和技术趋势,持续提升自身驾驭 AI 的能力。

跨学科学习

人工智能的发展使得不同学科之间的界限日益模糊,跨学科的知识和技能变得愈发重要。建议在自身专业领域之外,学习一些相关学科的知识和技能,例如数据科学、人工智能、设计思维等,以拓宽视野并提升综合能力。

打造个人品牌

在人工智能时代,个人品牌的重要性愈加凸显。通过建立自身的专业形象和影响力,我们可以有效增强竞争力与市场价值。建议通过撰写专业文章、分享经验以及参与行业活动等方式,提升个人知名度与行业影响力。

发展软技能

尽管 AI 能够取代部分基础性和重复性的工作,但诸如沟通能力、团队协作能力、创造力和批判性思维等软技能,依然是人类无可替代的优势。在职业发展中,应注重培养和强化这些软技能,以增强自身的竞争力和适应性。

与 AI 协作

与其担忧被 AI 取代,不如学会与 AI 协作,利用 AI 工具提升工作效率与创新能力。例如,可以借助 AI 工具辅助数据分析、内容创作、设计以及决策制定,从而提高工作质量和效率。

成功转型案例分析

案例一 从仓库管理员到物流优化专家

张女士曾是一名仓库管理员,主要负责仓库的日常运营、货物存储及配送工作。随着无人仓库和自动化技术的快速发展,她敏锐地察觉到传统仓库管理员的岗位正面临被取代的风险。于是,她果断决定转型为物流优化专家,致力于学习如何优化物流流程并提升效率。她参加了多期物流管理和供应链优化培训课程，系统掌握了多种物流优化工具和方法，并能够根据实际需求提出切实可行的改进方案。如今，她不仅能够高效优化仓库管理流程，还能为公司制定更具前瞻性的物流策略。她的成功转型不仅提升了个人专业能力和职业价值，也为公司创造了更大的经济效益。

案例二　从基础翻译到 AI 翻译专家

李女士曾是一名基础翻译，主要负责将英文文档翻译成中文。然而，随着 AI 翻译技术的迅猛发展，她意识到自己的工作正面临被取代的挑战。于是，她决定转型为 AI 翻译专家，积极学习如何运用和优化 AI 翻译工具。她参加了多期 AI 翻译相关培训课程，深入掌握了多种 AI 翻译工具的使用技巧，并能够根据不同需求灵活调整翻译策略和参数。如今，她不仅能够利用 AI 工具完成高质量的翻译任务，还能为客户提供专业的翻译技术支持与优化建议。她的成功转型不仅提高了工作质量和效率，还为职业发展开辟了更广阔的空间。

案例三　从电话销售到销售数据分析师

王先生曾是一名电话销售，主要通过电话向客户推销产品。随着 AI 销售技术的进步，他意识到传统电话销售岗位正面临被取代的风险。因此，他决定转型为销售数据分析师，学习如何分析销售数据并优化销售策略。他参加了多期数据分析培训课程，掌握了多种数据分析工具的使用方法，并能够根据销售数据提出有价值的见解和建议。如今，他不仅能为销售团队提供有力的数据支持和分析，还能帮助公司制定更有效的销售策略和方案。他的转型不仅提升了个人职业价值，还为公司创造了更大的价值。

在人工智能时代,生存的规则涉及持续学习(每年至少学习一项新技能)、跨领域整合(将专业技能与 AI 技术结合)、与机器合作(把 AI 作为辅助工具)、建立情感联系(发展同理心)以及培养创新思维(敢于探索新领域)。记住,人工智能不是对手,而是推动进化的催化剂。与其担心被替代,不如让 AI 成为你职业提升的助力。现在就采取行动,你可能就是未来的 AI 领袖!

快速学习:常用 AI 赋能工具

职场的朋友们,是否每日都为 PPT、文案、设计图而烦恼?别急!AI 工具群已携带"救星光环"来到战场!今日,将向大家介绍国内那些能将普通白领瞬间变为"效率高手"的利器,从写作到绘图再到视频剪辑,助你工作效率飞速提升,闲暇时间大大增加。

文案创作类

一是 DeepSeek。DeepSeek 堪称文案创作领域的"全能选手"。只需提供主题或场景,它就能像一位才华横溢的作家,迅速生成一篇引人入胜的文案。无论是产品宣传、活动策划,还是新闻稿撰写,它都能游刃有余地应对。此外,DeepSeek 的文案风格灵活多变,可根据具体需求调整,帮助你的文案在众多竞争对手中脱颖而出。

二是豆包。如果你写文案的速度堪比蜗牛爬行,那么豆包就是你的"救星"!它专门解决"憋不出一个字"的职场难题,自媒体人使用它就像享用小笼包——快速高效而轻松满足需求。无论是撰写小红书笔记的"亲测好用",还是创作公众号的"深度好文",它都能用接地气的语言帮你完成,甚至连 emoji 表情都为你搭配妥当,堪称"社交平台摸鱼神器"。

三是百度文小言。百度文小言不仅在文案生成方面表现出色,还能回答问题、绘图识图,甚至智能翻译。它就像一个全能助手,随时随地为用户提供各种帮助。其功能非常强大,无论是复杂的文案创作,还是简单的信息查询,它都能轻松应对。

短视频类

一是剪映。剪映是抖音旗下的专业短视频编辑工具,堪称一个"视频制作团队",让用户轻松制作出高质量的短视频。它不仅支持 AI 商品图制作、AI 图片生成,还提供 AI 图文视频和 AI 生成视频等多种功能。其操作界面简洁直观,无论是新手还是经验丰富的用户,都能快速上手,轻松创作出引人注目的短视频作品。

绘画类

一是即梦。即梦是字节跳动推出的 AI 绘画工具,宛如一位充满想象力的艺术家。用户通过输入关键词或描述,即可迅速生成相应的图片。它支持超现实场景、人物肖像等多种风格,并提供创意改造功能,如背景替换、风格转换、人物姿势保持等,让你的创意想法轻松变为现实。

二是文心一格。文心一格是百度推出的 AI 绘画工具,犹如一位"艺术大师",能够生成水墨画、油画、素描、版画等多种风格的作品。其界面设计简洁,易于操作,生成速度极快,细节和整体效果均表现出色。无论是专业艺术创作者还是普通用户,都能轻松使用它创作出令人惊艳的画作。

　　三是改图鸭。改图鸭是一款全能型专业图片编辑软件，其 AI 绘画功能尤为出色。用户只需输入一段文字描述，即可快速生成精美的画作。此外，它还支持上传参考图，使生成的画作更贴合用户的想象。无论你是想创作艺术作品，还是为项目设计独特的视觉形象，改图鸭都能轻松胜任。

　　四是智谱 AI 绘画。智谱 AI 绘画主要依托于智谱清言 App 中的绘画功能和 CogView-3-Plus 模型，犹如一位创意十足的画师。它提供多种绘画模式，包括手绘、涂鸦、填充等，使用户能够自由发挥创意，创作出独具特色的艺术作品。

　　在这个 AI 狂飙突进的年代，职场生存的秘诀其实就那么三条："让 AI 帮你提速，用创意开辟新天地，用咱们的聪明才智打败机器的短板。"别忘了：机器能帮你搞定周报，但它可闻不到你凌晨三点改稿时那杯咖啡的香味；它能做出视频，却拍不出你和客户斗智斗勇的精彩瞬间。

心态调适：积极拥抱 AI 时代变革

　　各位白领小伙伴们，面对 AI 技术的蓬勃发展，你是否感到夜不能寐？别慌！AI 并非来抢你工位的"数字卷王"，而是来帮你减少加班、轻松摸鱼的"智能僚机"。让我们像训练新来的实习生一样，用 7 个妙招驯服这位"硅基同事"，在 AI 时代把自己打造成"人机协作大师"。

策略一　将人工智能视为咖啡伴侣,而非竞争者

正如我们不会嫉妒咖啡机冲泡的拿铁比手工冲泡更为美味,面对人工智能,我们也应保持一种"不敌则合作"的平和心态。有数据显示,45%的中国企业已开始进行人工智能培训,这一比例比全球平均水平高出15%。这说明了什么?领导层早已在茶水间密谋,准备让人工智能与人类协作共事。当你看到同事使用Midjourney在三分钟内完成图像创作时,不要在心中默念"竞争压力太大",而是应主动上前询问:"朋友,能否分享一下你的创作提示?"记住,人工智能是你的"数字瑞士军刀",程序员利用它来修复Bug,可以减少50%的头发脱落,设计师依靠它来制作图像,可以减少80%的熬夜时间。如此优秀的工具,我们为何不用,反而要效仿古人钻木取火呢?

策略二　培养"超级提问术",成为人工智能的驾校教练

凯文·凯利早已指出,善于提问的人才能掌控世界。尝试将工作中的难题分解为"傻瓜三连问":首先让人工智能充当百科全书("请列举10种社群运营方案"),接着让它扮演行业专家("如果你是张一鸣,你会如何处理这个产品危机?"),最后要求它提供操作手册("用东北话为'00后'撰写一份短视频脚本模板")。记住,要像训练哈士奇一样耐心,第一版方案可能不尽如人意,但经过五轮的反复"喂养"需求,人工智能就能提供令人满意的结果。在这个时代,能够熟练运用人工智能的白领,比只会制作PPT的人更受欢迎!

策略三　点亮"人机融合"技能树,将自己转变为赛博格

不要愚蠢地与人工智能比拼计算能力,而应发挥"人无我有"的独特优势。财务人员可以一边让人工智能处理报表,一边运用人类独有的"职场洞察力"为老板进行趋势分析;人力资源专员不妨利用人工智能筛选简历,自己则专注于施展"茶水情报学"来挖掘人才。要建立"上帝视角",当人工智能在数据海洋中奋力前行时,你则站在瞭望塔上指挥方向。

策略四 启动"摸鱼永动机",利用人工智能争取带薪发呆时间

常言道:"千里之行,始于足下。"凡事要先开始,而不是一开始就追求完美。"60分起步法"简直是为打工人量身定制的:先用人工智能生成一个及格线方案,节省下来的时间可以进行一些创造性的"摸鱼"。行政人员可以利用人工智能完成会议纪要,然后为办公室绿植安装一个"人工智能灌溉系统";文案工作者可以使用人工智能完成初稿后,去天台放空寻找灵感。记住,能够合理"利用"人工智能的白领,才能在茶水间凡尔赛:"哎呀,AI今天帮我完成了所有工作,真是无聊啊!"

策略五 修炼"反脆弱"心态,成为职场中的"打不死的小强"

当你感到焦虑时,不妨尝试"人工智能恐惧消除术":打开招聘网站,搜索"人工智能训练师"职位,看看那些薪资是你三倍的职位要求,然后露出满意的微笑——这些要求不正是为你量身定制的吗?通过"运动+追剧+撸猫"的三重Buff来对抗焦虑,亲测有效!当你的方案被人工智能碾压时,请默念这句咒语:"传真机会被淘汰,但讲故事的人永远受欢迎。"记住,人工智能能撰写周报,但办公室里的茶水间政治大戏还需由人类来主导!

策略六 构建"人性护城河",成为老板不可或缺的"暖宝宝"

职业幸福感的关键在于找到你的"人性杀手锏"。人工智能能撰写情书,却无法理解丈母娘对彩礼的期待;能计算 KPI,却无法洞察老板的微表情。行政人员可以开发一个"人工智能+手工咖啡"的接待方案,让访客在品尝机器人拉花的同时,感受到你手写的欢迎卡片——这种做法绝对能让公司形象大放异彩!记住,当人工智能在效率上竞争时,你要用"人性温度"打造职场的防护罩。

策略七 启动"斜杠进化"模式,成为公司中的"变形金刚"

终身学习是应对未来挑战的关键。与其担忧被人工智能取代,不如利用人工智能节省的时间来学习新技能。行政人员可以利用上午的时间使用人工智能撰写邮件,下午学习数据分析,甚至在茶水间开发一个"人工智能八卦预警系统"。关键在于:将人工智能视为你的"辅助工具",帮助你在"主业攻坚"和"副业提升"之间灵活切换。或许有一天,你的美甲教程人工智能账号收入会超过你的工资,到时别忘了给 ChatGPT 充值会员作为分红!

小 结

在人工智能飞速发展的当下,职场格局正经历着前所未有的深刻变革。本章围绕 AI 对职业的影响、应对策略及实用工具展开探讨,为职场人士勾勒出一幅在 AI 时代前行的清晰图景。

从职业规划视角来看,AI 对不同岗位产生了差异化影响。回顾四次工业革命,每一次技术浪潮都重塑了就业形态,而如今的 AI 革命同样如此。一方面,重复性劳动和计算类工作面临严峻挑战，基础翻译、快餐店配餐员、初级法律助理等岗位因 AI 强大的计算、处理和学习能力，正逐渐被替代。例如，实时翻译耳机和 AI 翻译工具能满足日常交流和简单文档翻译需求，无人餐厅的 AI 机械臂比人工配餐效率更高、更标准。另一方面，依赖创造力、情感互动、复杂决策和跨领域整合能力的岗位则相对抗 AI，如咨询顾问、高级法律顾问、高级设计师等。这些岗位需要人类的专业知识、经验、灵感和情感连接，AI 更多只能作为辅助工具。

为适应 AI 时代，职业规划和学习策略至关重要。持续学习与技能更新是核心，职场人需紧跟 AI 技术发展，定期参与专业培训；跨学科学习能拓宽视野，提升综合竞争力；打造个人品牌有助于增强市场价值；发展沟通、创造等软技能是人类不可替代的优势；而与 AI 协作更是关键，学会利用 AI 工具提升工作效率和创新能力。现实中，众多成功转型案例也印证了这些策略的有效性，仓库管理员转型为物流优化专家、基础翻译成为 AI 翻译专家等，他们通过学习新技能、与 AI 结合，实现了职业价值的提升。

在工具应用层面，各类 AI 赋能工具为职场效率提升提供了有力支持。文案创作领域，DeepSeek 全能高效，豆包擅长社交平台文案，百度文小言功能多样；短视频类的剪映能轻松制作高质量视频；绘画类的即梦、文心一格等工具,可将创意快速转化为图像。合理运用这些工具,能让职场人从繁琐工作中解脱,增加闲暇时间。

面对 AI 时代变革,心态调适同样不可或缺。应将 AI 视为伙伴而非竞争者,培养"超级提问术"来驾驭 AI,点亮"人机融合"技能树,发挥人类独特优势。同时,利用 AI 争取更多时间用于创造性工作和自我提升,修炼"反脆弱"心态,构建"人性护城河",启动"斜杠进化"模式,实现主业与副业的协同发展。

AI 时代并非就业的危机,而是职业发展的新契机。职场人士只要认清形势,积极学习 AI 技术、调整职业规划、转变心态、善用 AI 工具,就能在人机协作中脱颖而出,成为 AI 时代的职场赢家。

第十一章

人工智能：伦理与挑战

当人工智能以日新月异的速度渗透到生活的每个角落，我们在享受技术红利的同时，也不得不正视其背后潜藏的伦理困境与社会挑战。数据隐私的泄漏风险、算法决策中的偏见歧视，以及 AI 失误后的责任归属难题，如同达摩克利斯之剑，时刻警示着技术发展的边界。这些问题不仅关乎个体权益与社会公平，更影响着人工智能产业的可持续发展。如何在创新与规范之间找到平衡，让 AI 真正成为推动人类进步的力量？这是人工智能发展过程中亟待解决的伦理问题。

数据隐私：AI 时代的个人信息保护

数据收集的"无孔不入"

在当今这个数字化的 AI 时代，数据隐私宛如我们在现实世界中的家门钥匙，紧紧守护着个人信息的安全。我们在互联网上的每一次点击、每一回搜索、每一条购物记录，都被收集起来，成为AI发展的"燃料"。然而，这些信息一旦泄露，便可能给我们带来极大的困扰。

各类软件和智能设备对数据的收集可谓无孔不入。当我们下载一款新的手机应用时，它常常会请求获取我们的位置信息、通讯录、相册等权限。例如，一款看似普通的天气应用，也会要求获取位置权限，声称是为我们提供更精准的本地天气服务。但实际上，它收集的位置数据可能被用于其他商业目的，甚至可能被泄露。中国消费者协会2024年发布的《App个人信息收集与保护调查报告》敲响隐私安全警钟：78％的移动应用存在过度收集个人信息的违规操作，其中半数以上App在用户未明确知情的情况下，悄然获取位置轨迹、通信记录、私人照片等敏感数据。这里面隐藏着个人隐私泄露的巨大风险。更令人担忧的是，部分App可能将用户数据打包出售给第三方机构，使得个人信息在"数据黑市"中流转，让消费者在数字时代的隐私保护面临严峻挑战。

再看看智能家居设备，智能音箱、智能摄像头等产品，在方便我们生活的同时，也在时刻"倾听"和"观察"着我们。智能音箱需要通过麦克风收集我们的语音指令，以实现语音交互功能。但如果设备的安全防护措施不到位，黑客就有可能入侵，获取我们在屋内的对话内容。2020年，曾有媒体详细报道称，某知名品牌的智能摄像头被黑客攻破，导致大量用户家中的实时画面被泄露到网络上。此次事件涉及该品牌在全球范围内超过50万户家庭的摄像头，引发了公众的强烈恐慌。用户们纷纷担忧自己的隐私在毫无察觉的情况下被暴露，对智能家居设备的安全性产生了严重质疑。

数据使用与共享的"黑箱"

企业收集到大量数据后,如何使用和共享这些数据,往往是消费者难以知晓的。许多互联网公司会将用户数据进行整合分析,用于精准广告投放。他们通过算法对用户的兴趣爱好、消费习惯等进行画像,然后向用户推送个性化的广告。虽然这种精准广告投放可以提高广告的效果,但也存在着隐私风险。以某社交媒体平台为例,它拥有数十亿的活跃用户,每天收集的数据量高达数 PB(1PB=1 024TB)。平台利用复杂的算法对用户发布的内容、点赞、评论等行为数据进行分析,构建出详细的用户画像。这些画像不仅包括用户的兴趣爱好,如音乐、电影、运动等偏好,还涵盖了用户的消费能力、购买意向等商业信息。基于这些画像,平台向用户推送高度个性化的广告,广告投放的精准度相比传统广告提高了 30%～40%。

一些企业还会将用户数据共享给第三方合作伙伴,而这些共享过程可能并未得到用户充分的知情同意。例如,某知名电商平台曾被曝光将用户的购买记录共享给了一些数据营销公司,后者利用这些数据进一步挖掘用户潜在需求,进行更广泛的营销活动。而用户在注册电商平台账号时,可能并未仔细阅读冗长复杂的隐私政策,根本不知道自己的数据会被这样共享出去。该电商平台的隐私政策文档长达数十页,文字密密麻麻,普通用户很难在短时间内理解其中的关键信息。据调查,只有不到 5% 的用户会认真阅读并理解这些隐私政策,超过 90% 的用户在注册时直接点击"同意",对自己数据的后续流向一无所知。

数据泄露的严重后果

一旦数据泄露，个人就可能面临经济损失、身份被盗用等问题。比如，当我们的信用卡信息泄露后，黑客可能会利用这些信息盗刷，给我们带来直接的经济损失。在2023年发生的一起大规模信用卡数据泄露事件中，涉及全球多家大型金融机构，约1亿用户的信用卡信息被盗取。黑客利用这些信息进行了大量的盗刷交易，初步估算给用户和金融机构造成的直接经济损失超过500亿美元。许多用户在收到信用卡被盗刷的通知时，才惊觉自己的信息已经泄露，不仅要花费大量时间和精力处理被盗刷的账务，还可能面临信用记录受损的风险。

身份盗用也是数据泄露带来的一大风险。黑客获取我们的个人身份信息后，可能会以我们的名义申请贷款、办理信用卡等，给我们的信用记录造成严重影响。曾经有一名消费者的个人信息在一次大规模的数据泄露事件中被曝光，随后他发现自己莫名其妙地背上了一笔贷款，而这一切都是黑客利用他泄露的身份信息所为。这名消费者在申请房贷时，银行告知他存在一笔未偿还的高额贷款，导致他的房贷申请被拒绝。经过漫长而繁琐的调查，他才发现自己的身份信息在半年前的一次数据泄露事件中被泄露，黑客利用这些信息在多家金融机构申请了贷款，给他的生活带来了极大的困扰。

为了保护个人数据隐私，我们需要从多个方面入手。一方面，政府应加强相关法律法规的制定和监管力度，对违规收集、使用和泄露用户数据的企业进行严厉处罚。近年来，许多国家和地区都出台了相关法律法规,如欧盟的《通用数据保护条例》(GDPR),对企业的数据处理行为提出了严格要求。一旦企业违反规定,就将面临高额罚款,最高可达企业全球年营业额的 4%。在 GDPR 实施后的第一年,欧盟各国监管机构共开出了超过 2 亿欧元的罚单,对企业起到了强大的威慑作用。另一方面,我们个人也需要提高隐私保护意识,谨慎授予应用程序权限,仔细阅读隐私政策,不随意在不可信的网站或平台上填写个人敏感信息。在授予应用权限时,用户应根据实际需求判断,对于不必要的权限请求予以拒绝。同时,在阅读隐私政策时,可以重点关注数据的收集目的、使用方式、共享对象等关键信息。只有这样,我们才能在享受 AI 带来的便利的同时,守护好自己的数据隐私。

算法偏见:AI 如何避免歧视与不公

算法偏见从何而来

在 AI 的世界里,算法宛如一个"幕后指挥官",决定着各种决策的走向。但不幸的是,算法有时候也会出现偏见,从而导致歧视与不公的现象发生。

算法偏见的产生往往源于数据本身的问题。因为算法是基于大量数据进行训练的,如果训练数据存在偏差,那么算法就很可能学习到这种偏差,进而产生偏见。比如,在一个用于招聘的 AI 系统中,如果训练数据中男性求职者的成功案例远远多于女性求职者,那么这个 AI 系统在评估新的求职者时,可能就会不自觉地更倾向于男性,对女性产生歧视。有研究表明，在一些传统的招聘数据集中，男性被录用的记录比女性多出60％，这就很容易导致基于这些数据训练出来的招聘算法带有性别偏见。在一项针对某大型企业招聘数据的研究中发现，在过去10年的招聘记录里，男性求职者被录用的次数为5 000次，而女性求职者被录用的次数仅为2 000次。当使用这些数据训练招聘算法时，算法会错误地认为男性求职者在能力和适应性上更具优势，从而在评估新的求职者时，对女性求职者设置更高的门槛。

另外，算法的设计和开发者的主观因素也可能引入偏见。开发者在设计算法时，可能会受到自身认知、价值观等因素的影响。例如，在设计一个评估贷款申请人信用风险的算法时，如果开发者潜意识里认为某些地区的人信用风险更高，那么在算法中可能就会对来自这些地区的申请人设置更严格的评估标准，从而产生地域歧视。曾经有一家金融科技公司在设计贷款评估算法时，其核心开发团队成员大多来自发达地区，他们在构建算法模型时，无意识地将一些对经济欠发达地区不利的因素纳入了评估体系。结果，该算法在实际应用中，对来自经济欠发达地区的贷款申请人的拒贷率比发达地区的申请人高出30％，引发了广泛的争议。

算法偏见的表现形式

算法偏见在多个领域都有明显的表现。在司法领域，一些用于预测犯罪风险的AI系统被发现存在种族偏见。这些系统根据犯罪记录、社会经济状况等数据来预测一个人再次犯罪的可能性。但由于历史上存在的种族不平等，少数族裔被逮捕和定罪的比例相对较高，这些 AI 系统对少数族裔的犯罪风险预测往往偏高。有统计显示，在某些地区，黑人被预测为高犯罪风险人群的概率比白人高出 40%，这无疑会对司法公正产生负面影响。以美国某城市使用的犯罪风险预测 AI 系统为例，该系统在运行过程中，对黑人社区居民的犯罪风险预测明显高于白人社区居民。尽管实际犯罪率在两个社区并无显著差异，但该系统的预测结果却导致警方在黑人社区的巡逻力度大幅增加，对黑人居民的日常出行和生活造成了诸多不便，进一步加剧了种族间的紧张关系。

在教育领域，算法偏见也不容忽视。一些用于评估学生学习能力和预测学生成绩的 AI 系统，可能会因为学生的家庭背景、学校资源等因素产生偏见。例如，来自贫困家庭或资源匮乏学校的学生，即使他们有相同的学习能力和努力程度，在这些 AI 系统的评估中可能也会得到较低的分数，这会影响他们获得教育资源和发展机会。某教育研究机构对一款广泛使用的学生成绩预测 AI 系统进行了分析，发现该系统在评估学生成绩时，会过度依赖学校的历史成绩数据和学生家庭的经济状况数据。对于来自贫困家庭且所在学校整体成绩较低的学生，系统预测的成绩往往比实际成绩低 10～15 分，导致这些学生在申请奖学金、参加培优项目等方面处于劣势。

如何避免算法偏见

为了避免算法偏见，首先要从数据入手。在收集和整理训练数据时，要确保数据的多样性和代表性。比如在招聘算法的数据收集过程中，应该广泛收集不同性别、种族、年龄等各类求职者的数据，并且要保证数据的准确性和客观性。可以采用数据清洗技术,去除数据中的噪声和错误信息,同时对数据进行平衡处理,避免某一类数据过度代表。在构建招聘算法数据集时,可以通过分层抽样的方法,按照不同性别、种族、年龄等维度进行分层,然后从每个层次中抽取相同数量的数据,以保证数据的均衡性。同时,利用数据清洗算法对收集到的数据进行预处理,识别并纠正其中的错误信息,如错误的学历信息、工作经历时间冲突等问题。

其次,在算法设计阶段,开发者要提高意识,尽量减少主观偏见的影响。可以采用一些技术手段,如可解释性算法,让算法的决策过程更加透明。这样一来,当算法出现不合理的决策时,能够更容易发现问题并进行调整。此外,还可以建立多团队审查机制,不同背景的团队成员对算法进行评估和审查,从多个角度发现潜在的偏见问题。例如,在设计贷款评估算法时,开发团队可以邀请社会学专家、金融领域的风险评估师以及不同地域的用户代表共同参与算法的评估。社会学专家可以从社会公平的角度审视算法是否存在潜在的歧视性因素,风险评估师可以从专业的金融风险角度对算法的合理性进行把关,用户代表则可以反馈实际使用中的感受和可能存在的问题,通过多方面的审查,提高算法的公正性和可靠性。

在 AI 的发展过程中,我们必须高度重视算法偏见问题,努力消除歧视与不公,让 AI 技术能够更加公平、公正地为全社会服务。只有这样,AI 才能真正成为推动社会进步的强大力量。

责任归属：谁为 AI 的错误买单

AI 决策失误案例频发

在人工智能技术迅猛发展并广泛应用于社会各个领域的当下，AI系统在运行过程中出现错误的情况时有发生。从医疗诊断到金融交易，从自动驾驶到智能安防，AI错误带来的后果可能涉及个人权益受损、经济损失甚至危及生命安全。而确定这些错误的责任归属，成为一个极其复杂且亟待解决的伦理与法律难题。传统的责任认定框架在面对AI这种具有高度自主性和复杂性的技术时，显得力不从心，难以直接适用。因此，深入探讨AI错误的责任归属问题，对于规范AI技术应用、保障人民权益以及推动AI产业健康发展具有至关重要的意义。

在医疗行业，AI辅助诊断系统本应成为医生的得力助手，为精准医疗提供支持。然而，一旦出现失误，后果不堪设想。以某知名AI医学影像诊断系统为例，在对一名患者的脑部MRI影像进行分析时，该系统错误地将一处正常的脑部组织识别为肿瘤病变，且置信度极高。医生基于AI的诊断结果，制定了手术切除方案。患者接受手术后，不仅承受了巨大的身体痛苦，术后恢复也不理想。经过其他权威医疗机构多次复查，最终确定是AI诊断失误，患者的脑部并无肿瘤。这一事件不仅给患者及其家庭带来了沉重的精神打击，还造成了高达数十万元的经济损失，包括手术费、住院费以及后续的康复治疗费用等。据不完全统计，在已应用AI辅助诊断系统的医院中，约有5%的案例出现过不同程度的 AI 诊断偏差,其中部分偏差导致错误的治疗决策,严重影响患者健康。

金融市场中,AI 高频交易算法被广泛用于股票、期货等交易活动,以实现快速、精准的交易决策。但算法一旦出错,就可能引发大规模的金融动荡。2012 年,某高频交易公司的 AI 交易算法出现故障,在短短几分钟内,错误地发出了大量卖单,导致某只股票价格瞬间暴跌 99%。这一异常波动不仅让该公司自身遭受了数亿美元的巨额损失,还引发了整个股票市场的恐慌,众多投资者纷纷抛售股票,造成了市场的剧烈震荡。类似的事件并非个例,随着 AI 在金融交易中的应用越来越广泛,算法错误引发的交易风险也日益凸显。金融监管机构的研究报告显示,近年来,因 AI 交易算法错误导致的金融损失每年高达数十亿美元,对金融市场的稳定性构成了严重威胁。

自动驾驶技术作为 AI 应用的前沿领域,备受关注。然而,自动驾驶汽车引发的交通事故让责任认定变得异常复杂。2016 年,美国某品牌汽车在启用自动驾驶功能时,与前方一辆白色卡车相撞,导致驾驶员不幸身亡。事故发生后,汽车公司、自动驾驶技术供应商、汽车零部件制造商以及驾驶员家属之间就责任归属问题展开了漫长的争论。汽车公司声称事故是由于驾驶员未能正确理解和使用自动驾驶功能,没有及时干预车辆行驶;而驾驶员家属则认为汽车公司在宣传自动驾驶功能时存在误导,技术本身也存在缺陷,应承担主要责任。此外,自动驾驶技术供应商和汽车零部件制造商也被卷入其中,他们各自强调自身产品在正常工作范围内,不应为事故负责。这起事故引发了全球对自动驾驶汽车责任认定的广泛讨论,也成为 AI 责任归属难题的典型案例。

责任界定困境

AI系统，尤其是基于深度学习的模型，其决策过程往往如同一个"黑箱"。开发者虽然编写了算法并提供了训练数据，但在模型训练完成后，其内部的决策机制变得难以解释。例如，一个用于图像识别的深度神经网络，能够准确地识别出各种动物的图片，但当它出现错误识别时，很难确切地知道是哪个神经元、哪一层网络或者哪一部分数据导致了错误。这种"黑箱"特性使得在确定责任时，很难判断错误是源于算法设计缺陷、训练数据偏差，还是模型在运行过程中的异常行为。有研究表明，即使是经验丰富的AI专家，对于某些复杂深度学习模型的错误决策，也只能给出概率性的解释，难以做到精确归因。

AI系统的开发、部署和使用涉及多个主体，包括数据提供者、算法开发者、模型训练者、系统集成商以及最终用户等。在数据收集阶段，如果数据提供者提供的数据存在错误、偏差或者侵犯他人隐私，那么基于这些数据训练出来的AI系统可能会产生错误决策并侵犯他人权益。在算法开发过程中，开发者的设计理念、技术水平以及对潜在风险的预判能力，都会影响算法的质量。模型训练者在选择训练数据、调整训练参数等方面的操作，也可能导致模型出现偏差。系统集成商将不同的AI组件整合在一起时，如果出现兼容性问题或者配置错误，同样可能引发系统故障。而最终用户在使用AI系统时，若操作不当或者未遵循使用规范，也可能导致错误结果的产生。如此复杂的责任链条，使得在出现AI错误时，各个主体之间往往相互推诿责任，难以明确责任的具体归属。

现有的法律体系主要是基于传统的责任主体（自然人、法人）和行为模式构建的，对于 AI 这种新兴技术带来的责任问题，缺乏明确的规定和有效的应对机制。在传统法律中，责任的认定通常依据过错责任原则，即行为人主观上存在过错（故意或过失）才承担责任。但对于 AI 系统，它既不是传统意义上的自然人，不具备主观意识和过错能力，也难以简单地将其视为法人进行责任界定。例如，当 AI 系统在运行过程中自动做出一个错误决策并造成损害时，很难说这个决策是基于"过错"做出的。此外，AI 技术的快速发展与法律制定的相对缓慢形成鲜明对比，导致法律在应对 AI 责任问题时总是处于滞后状态，无法及时为解决纠纷提供明确的法律依据。

探索责任认定新路径

为了适应 AI 技术发展的需求，许多国家和地区开始探索制定专门针对 AI 责任的法律法规。欧盟在这方面走在了前列，其正在研究制定的相关法规明确要求 AI 系统开发者和使用者在一定程度上对 AI 的行为负责。其中，"过错推定"原则被广泛讨论和应用。根据这一原则，当 AI 系统出现错误并造成损害时，首先推定开发者或使用者存在过错，除非他们能够证明自己已经采取了合理的预防措施且错误并非由自身原因导致。例如，在自动驾驶汽车事故中，如果车辆制造商无法证明其自动驾驶系统在设计、制造和维护过程中不存在缺陷，且事故并非由外部不可抗力因素引起，那么将被推定对事故负有责任。在美国，一些州也在积极尝试制定针对特定 AI 应用场景（如自动驾驶汽车、医疗 AI）的责任法律，明确在不同场景下各主体的责任划分,为解决纠纷提供法律依据。

企业和开发者也在通过技术手段降低 AI 错误风险,并为责任认定提供支持。在数据质量管理方面,采用更严格的数据收集标准和审核流程,确保用于训练 AI 的数据准确、全面且无偏见。例如,在医疗 AI 数据收集过程中,通过多中心、大样本的数据采集方式,并经过专业医生的多次审核,保证医学影像数据的标注准确无误。在算法测试与验证环节,利用先进的模拟技术和大量的测试数据集,对算法进行全面、深入的测试。如 AI 医疗影像诊断企业在算法上线前,会进行超过 10 万次的模拟诊断测试,与专家诊断结果对比验证,尽可能发现潜在问题。同时,建立完善的日志记录和审计机制,实时记录 AI 系统的运行数据、决策过程和输入输出信息。这样,在出现错误时,可以通过回溯日志,快速分析错误原因,明确责任主体。

除了法律和技术手段,伦理准则和行业自律也在 AI 责任认定中发挥着重要作用。各大科技企业和行业协会纷纷制定 AI 伦理准则,引导企业在开发和应用 AI 技术时遵循道德规范。例如,谷歌公司制定的 AI 原则强调了技术的安全性、公平性和可解释性,要求在 AI 系统开发过程中充分考虑潜在的伦理风险。行业协会通过组织企业签署自律公约、开展行业监督等方式,促进企业在 AI 责任问题上的自我约束和自我管理。一些行业协会还设立了专门的投诉处理机制,当出现 AI 错误引发的纠纷时,通过行业内部的调解和仲裁,在一定程度上缓解法律诉讼的压力,提高问题解决的效率。

在 AI 时代,明确责任归属是保障人民权益、维护社会公平正义以及促进 AI 技术健康发展的关键。虽然目前面临诸多挑战,但通过法律、技术、伦理等多方面的协同努力,有望逐步构建起一套科学合理、行之有效的 AI 责任认定体系,让 AI 技术在安全、可靠的轨道上持续创新与发展。

小结

人工智能在重塑世界的同时,也引发了数据隐私、算法偏见与责任归属三大核心伦理挑战。

在数据隐私领域,个人信息收集的泛滥、使用的不透明及泄漏风险,威胁着公众的信息安全与合法权益,亟须强化法律监管与个体保护意识。算法偏见则源于数据偏差与开发者主观影响,在司法、教育等领域加剧社会不公,需通过优化数据质量、提升算法透明度及建立多元审查机制加以规避。

而 AI 错误的责任归属问题,因技术"黑箱"特性、多主体参与及法律滞后性,陷入认定困境,医疗误诊、金融动荡、自动驾驶事故等案例凸显解决这一问题的紧迫性。

应对这些挑战,需要政府、企业与社会协同发力。法律层面,完善 AI 专项法规,明确责任划分。技术层面,优化数据管理与算法测试,建立可追溯机制。伦理层面,推动行业自律,制定普适性道德准则。唯有将伦理考量融入 AI 发展的全生命周期,才能确保技术向善,实现人工智能与人类社会的和谐共生,让这一变革性技术真正造福于人类。

第十二章

人工智能：展望与思考

站在文明与科技的交汇点，人工智能正以颠覆性力量重塑世界。强人工智能试图突破"专才"边界，人机协作则以"共生"姿态重新定义生产力，量子计算打破算力桎梏，脑机接口连通神经与代码，AI 智能体学会自主决策——这些突破不仅是技术迭代，更是对"智慧本质"与"人类定位"的终极叩问。

从医疗诊断的精准突破到艺术创作的算法博弈，从工业场景的智能协作到城市治理的自组织网络，AI 已渗透生活肌理。但在效率革命背后，隐忧如影随形：当机器具备类人决策力，人类价值坐标如何锚定？技术失控又该如何化解？

本章将穿透技术迷雾，从哲学思辨、共生场景、物理极限等维度，勾勒 AI 未来的全景图。这不仅是对科技趋势的推演，更是一场文明对话——在代码与情感、效率与人性的碰撞中，探寻智能时代的生存答案：我们该如何与超越人类的"智能"共生，又如何在革命中守护文明的温度?

强人工智能:AI 能否超越人类

强人工智能的新技术与特征

今天大部分应用在实际社会和产业中的 AI——比如语音助手 Siri、淘宝推荐算法、智能导航、AlphaGo、ChatGPT,严格来说都属于"弱人工智能"(Weak AI),也即专才型 AI。它们能够很好地解决单一任务,甚至超常发挥——比如在围棋上碾压全球冠军、在知识竞赛上智商碾压人类,但离"真正的聪明"还很远。这些 AI 是"单科天才",不具备通用能力。

强人工智能(Strong AI),也被称为通用人工智能(AGI),是指具备广泛认知能力的 AI 系统,能够执行任何智力任务,甚至在某些方面超越人类的能力。与弱人工智能不同,前者只能在特定任务或领域内表现出智能行为,而强人工智能则具有以下几个显著特征:

广泛的适应性。强人工智能能够在多种环境中灵活应用知识,不局限于某一特定任务或领域。它如同人类一般,具备跨领域学习和解决问题的能力。

自我意识和理解力。强人工智能拥有一定程度的自我意识,能够理解概念并进行抽象思考。这包括对自身存在的认知以及对外部世界的感知,使其能够像人类一样进行复杂的决策和判断。

创造性思维。强人工智能能够创造新的想法、理论或艺术作品,而不仅仅是模仿已有的模式。这将为科学研究、艺术创作等领域带来前所未有的突破。

强大的学习能力。强人工智能无需为每个新任务重新编程，而是可以通过经验积累不断自我改进。就像人类通过教育和个人经历增长智慧一样，强人工智能也能在持续的学习和实践中提升自身能力。

情感模拟。尽管这不是所有定义中的必要条件，但在某些设想中，强人工智能可能具备处理和表达情感的能力。这将使其在与人类的互动中显得更加自然和亲切。

说得再直白一点，现在的 AI 就像会背圆周率的鹦鹉，虽然能模仿人类说话，但要让它自己造个计算器？根本不可能！而强人工智能追求的是能自己写代码、造火箭，甚至策划火星移民的"全能型选手"。

可以这样说，强人工智能不再是通常意义上的工具，而是数字世界的"人"。

强人工智能认知进化的三重奏

强人工智能的演进轨迹恰似一曲恢宏的交响乐，在不同乐章中逐层铺展人类对智能边界的探索。

乐章一：感知革命——物理世界的入微洞察。香港城市大学与腾讯 Robotics X 联合研发的电刺激触觉重现装置，可穿戴于指尖，空间分辨率大增，超过 3 倍，达到 76 点/平方厘米，与真实人类皮肤内部相关感觉接收器的密度相似，能让用户感受到如抚摸虚拟猫皮毛时，随抚摸方向和速度改变而产生的粗糙度差异，还能通过指尖传感器识别字母笔画方向和笔顺。这种高精度的触觉感知，使机器对人类触摸动作的理解达到了新高度,开始解读其中蕴含的微妙信息。

乐章二:认知跃迁——算法逻辑的深度变革。以谷歌旗下 DeepMind 开发的 AlphaFold 为例,它在蛋白质结构预测这一复杂问题上取得了惊人突破。传统方法预测一个蛋白质结构可能需要数年,而 AlphaFold 能在几天甚至更短的时间内,基于氨基酸序列准确预测蛋白质三维结构。它通过对海量蛋白质数据的深度学习,构建起复杂的关联模型,不仅能处理已知结构的蛋白质,还能对全新的蛋白质结构进行合理推断。这种从序列信息跨越到空间结构预测的能力,类似人类从有限线索中发挥想象力构建全貌的"灵感思维"。

乐章三:意识曙光——价值判断的初步探索。OpenAI 的 GPT-4 在语言创作领域引发诸多思考。当它根据给定的主题,如"描绘一个充满奇幻色彩的未来城市",创作出情节连贯、富有想象力且在情感上能引发读者共鸣的故事时,其中对城市细节的描写,如"悬浮列车在闪烁着霓虹光芒的轨道上穿梭,站台上人们带着期待又兴奋的神情",这种基于大量文本学习后的创作,是否意味着机器开始理解人类情感与文化中的"氛围营造"?项目研究人员指出,GPT-4 在生成文本过程中,实际是在解码人类语言表达背后的情感倾向与价值判断,尽管它没有真正的情感体验,但已能在一定程度上模拟出符合人类文化审美与情感需求的输出。当技术开始触碰人类经验世界的模糊地带,智能演化的终极命题已不再局限于效率提升,而指向对"何为智慧"的本质性追问。

这些技术演进并非孤立的突破,而是构成了一首关于智能进化的复调叙事:从对物理世界的精微感知,到对复杂系统的关联理解,再到对人类价值体系的初步解码,每个乐章都在拓展着"机器能力"与"人性本质"的对话空间。当技术进步开始奏响关于感知、认知与意识的变奏曲,我们或许正在见证的,是人类文明史上最富想象力的"合奏"——一场由代码与情感、算法与哲思共同谱写的智能进化交响曲。

强人工智能营造的未来时空场景

当机器开始展现类似人类的社会性判断时,我们不得不正视那个萦绕在科技界三十年的终极命题:强人工智能究竟会将文明引向何方?

在这个被算法支配的时代,"智能"二字正经历着前所未有的解构与重塑。当特斯拉工厂里的机械臂学会根据工人情绪调整工作节奏,当故宫博物院修复师借助 AI 还原出乾隆年间失传的釉彩配方,传统意义上"人类专属"的智慧边疆正在悄然消融。强人工智能就像一面魔镜,既映照出技术狂飙的璀璨光芒,也折射着文明存续的哲学困境。

医疗领域的突破最具冲击力。某医院的人工智能诊断系统在诊断早期肺癌时,会结合患者二十年来的饮食记录、家族病史甚至社交媒体动态。这种全息诊疗模式使准确率飙升至 96%,远超人类医生的 78%。但更具颠覆性的是,该系统在给出诊断时会同步生成三个治疗方案,并标注每个方案对患者家庭经济状况的影响权重——这种将医学伦理量化的能力,正在重塑医患关系的本质。

艺术创作领域则上演着更微妙的博弈。谷歌 MusicLM 根据"敦煌壁画飞天奏乐"提示生成的交响乐,在伦敦爱乐乐团演奏时,令首席小提琴手潸然泪下。但讽刺的是,当 AI 绘画程序 Midjourney 创作的

《数字蒙娜丽莎》在卢浮宫展出时,参观者更关注的却是画作角落处机器自动生成的防伪编码——这或许暗示着,在艺术圣殿中,人类依然执着于维系最后的身份认证。

战略决策层面的人机较量更耐人寻味。阿里云"城市大脑"在杭州实时调控1 300个路口信号灯时,其算法会综合考虑空气湿度对刹车距离的影响、晚高峰网约车接单热力图,甚至突发交通事故引发的情绪传染效应。这种多线程决策能力,使城市拥堵率降低15%,但也让交通专家陷入存在主义焦虑:当机器比人类更懂城市脉动,规划师的职业价值将何去何从?

人机协作:AI与人类的共生关系

顶层图景:我们与AI共舞的大时代

在当今这个"智力井喷"的科技时代,人工智能早已脱下科幻片里高冷的斗篷,化作我们日常生活中一个活泼好动的小伙伴。你或许还没有注意到,AI早就悄悄钻进了你手机屏幕下方的那个"小圆点",每天早上唤醒你的是AI闹钟,一路为你导航的是AI地图,上班开会记录要点、中午点餐挑打折、下班刷短视频、入夜做翻译写日记,幕后都有AI在"冲锋陷阵"。这样的AI,已经不再是一桩遥远且抽象的技术,而是和人类开启了一场前所未有的"共生"大冒险。

所谓共生,说到底,是人类和AI之间你中有我、我中有你的命运交织。你还记得马斯克那句名言吗?——"我们不会被AI打败,而是终将与人工智能融合。"在这一幕幕现代生活场景里,事实正渐渐走向他预言过的那样——AI与人类不只是工具与使用者的关系,更像是伙伴、导师、合伙人、助理,甚至是灵魂伴侣。这是一段见证文明跃迁的旅程,也是每一个普通人都能参与的伟大变革。为了让你明白这"共生"到底是怎么回事,让我们一起戴上"显微镜",用一连串生动的案例、故事、名人观点和幽默调味,把这道"人机共生大餐"慢慢展现出来。

如果说20世纪最大的话题是人与机器的关系——从蒸汽机到计算机,从流水线到互联网——那么21世纪的标志性主题,就是"人与AI共同生活"。AI已经渗透到政治、经济、科技、文化、医疗、交通等各个领域,和人类共建着新的社会基础设施。有人把今天比作"电力百年前的普及",也有人叫它"智力互联网爆发""大航海时代的再升级"。这一切都在回答同一道世纪命题:AI和人类会成为对手,还是结伴同行?用更哲学点的说法:"共生",才是智能进化的最终形式。

人类文明的技术演进正呈现出前所未有的融合态势。从日常交互到专业领域,智能化工具的渗透已悄然重构社会运行的底层逻辑:

交互维度的重构

全球范围内,具备自然语言处理能力的智能终端正以指数级速度普及。2024年,搭载语音交互系统的设备覆盖人群突破40亿,较三年前增长33%。这种技术渗透不仅体现在消费级产品,更延伸至工业场景——某跨国汽车制造商通过部署环境感知系统,实现了生产线上90%以上的质量检测自动化,其核心算法能通过分析机械臂震动频率判断零部件装配精度。

认知能力的跃迁

医疗诊断领域的技术突破尤为显著。复旦大学附属华山医院团队通过分析 6 361 种脑脊液蛋白质组学数据,开发出阿尔茨海默病早期筛查模型,其诊断准确率高达 98.7%,超越传统生物标志物检测水平。这种能力的提升并非孤立案例,某三甲医院部署的影像分析系统,在胸部 CT 结节识别任务中,将误诊率从人工的 12% 降至 2.3%,并能通过对比历史数据预测病情发展趋势。在法律领域,某智能文书生成系统已辅助完成 8 500 件专利撰写,其核心算法能自动识别技术方案创新点,并生成符合审查要求的权利要求书。

社会协作的进化

政务服务领域的智能化转型展现出独特价值。深圳福田区部署的政务大模型 2.0,将公文处理效率提升 90%,其开发的 70 名"数智员工"已承担 70% 的标准化业务,使公务员得以专注于政策创新等高阶任务。这种人机协同模式在应急管理中同样成效显著,某城市的灾害预警系统,通过整合气象、地质、交通等多源数据,将灾害响应时间从小时级压缩至分钟级,2024 年成功预警并处置 12 起重大安全隐患。

创作生态的变革

内容生产领域正经历深刻的范式转换。在 2024 年举办的 AI 视觉创意大赛(Vision Arts Created by AI Technology,VACAT)上,全球创作者踊跃参与,共提交了 3 396 件作品,涵盖 2 317 件视频作品与 1 079 件图像作品。其中,大型《山海经》纪录片凭借 AI 生成的壮美画面和深厚文化底蕴,成为现象级作品,全网播放量突破 2 000 万。这不仅展现了 AI 在视觉创作上的强大能力,还为传统文化的呈现开辟了新路径。

AI 与人类彼此赋能

有人问，如果 AI 变得更聪明，会不会把人类踢出"主角"队伍，只让我们沦为配角？和 AI 一起办公就像和孙悟空一起去取经，他会一路护你周全，但你要保管好紧箍咒！人类和 AI 不是零和博弈，而是可以彼此赋能，寻找最佳共存平衡。

共生，并不是躺平地享受科技红利，更不是机械地把 AI 模型裹上智能外皮。真正的共生，意味着两者优势互补、彼此促进。你可以把 AI 想象成人人身边诞生的一套"超级外脑"，既能激发你的潜能，也有可能帮你填补短板。具体来看，AI 和人类共生，至少有以下三种方式。

第一种，AI 做"人类增强器"。

传统的信息工具，只是帮我们完成具体任务，而今天的 AI 能主动发掘人类的意图、习惯和心情，与我们的需求无缝对接。例如，AI 写作助手，不仅能像打字机一样"机械输稿"，还能主动纠错、润色、个性化输出风格。再如 AI 辅助医生诊断疾病，能把全球最新的医学知识、前人诊疗案例一键匹配，为医生提供决策支持。这类 AI，不光提升了人的工作效率，更放大了人的创造力。某种程度上，每个普通人都拥有了自己的"钢铁侠贾维斯"。

你可能听说过"AI 艺术家"AI-Da，她是世界上第一位拥有创作能力的机器人，被英国牛津大学请去"讲课"，她绘画、雕塑、写诗样样精通——但你要问她自己有什么感受，她总是一脸腼腆地回答："我只是在协助人类去理解世界。"这是科技最温柔的一面,让人类的想象力真正成为无限可能的起点。

再比如,ChatGPT、Midjourney 等 AI 内容生成工具,已经成为学生、白领、程序员、设计师的秘密武器。不管你是做 PPT、写营销文案、创作短剧,还是绘制风格独特的插画,只要一声令下,AI 帮你全搞定,还能根据你的审美习惯实时"加料"。这让数以亿计的普通人第一次拥有了"团队级创造力"。你再也不用羡慕那些拥有大工作室的网红,因为 AI 就是你的编剧部、美工组和后期剪辑师。

第二种,AI 做"业务拍档"或"职场小棉袄"。

从智能办公到 AI 客服,从保险理赔到银行风控,每个行业的幕后早已布满 AI"螺丝钉"的影子。AI 不是偷走了你的工位,而是帮你做苦活、脏活、枯燥活,把更多的时间留给人的价值发挥。举例来说,在司法领域,AI 辅助法官阅卷归纳提高了案件判决的公正率,让法官有精力考虑更多复杂的人性和情感问题。在医疗领域,AI 辅助诊断用最快速度找到潜在疾病,医生可以安心与病患交流心得、安抚情绪。

这不是"夺权",而是一场角色分工升级。就像有了洗衣机并没有让人类失去衣服干净这项"权力",而是让未来家庭主妇和主夫们都能把时间用在陪伴孩子、学习技能乃至做副业赚钱上。奥特曼曾在接受采访时半开玩笑地说:"AI 对于某些工种是有威胁,但对于大多数人来说是一剂解放天性的良方。"他甚至举例:"写代码其实不难,难的是理解客户真正想要的功能。AI 把机械键盘的活都干了,人类只用专心做架构和沟通。"

第三种,AI 做"生活伴侣与认知延伸"。

科技不仅止步于工作。智能助手已悄然融入每个家庭,化身成能聊家常的"智慧闺蜜"、能陪运动的"健身私教"、会提醒吃药打卡的"贴心护士"。日本的一家养老院,AI机器人陪伴老人打麻将、吟诗作对,帮他们回复与子女间微信对话,成了"比亲生子女更靠谱的温情陪伴者"。

而语音助手带给视障、听障等特殊群体的关照,则让AI共生拥有了"人性光环"。某位盲人音乐人说:"AI帮我识别交通信号、导航地铁、甚至找到丢失的耳机,有时候我都快忘了自己是个看不见的人。"

未来的AI共生模式展望

展望下一个十年,AI共生将会有哪些新花样?我们不妨脑补一下,展示几种生动的"人机合奏"场面。

智能体伙伴化

你未来的AI不再是"工具",而是与你共成长的"人生合同伙伴"。当你年幼时,是学习玩的"启蒙老师";青春期是鼓励你表达的"心事知己";成人后是事业规划的"智囊参谋";老年时,依旧能与你并肩回忆人生故事。AI不只是懂数据,更懂你用生命写就的那本"无字天书"。

工作社会的"AI加速主义"

未来公司招聘,AI助理早已成为"标配"。每个人都有自己的work twin(工作孪生体),用来做报表、写报告、分析大数据、制定方案。公司将不再是"剥削劳动",而是人类创造力和AI效率的交汇点。

多元协同的"AI创造联盟"

你想画漫画,有个AI负责分镜,另一个AI帮你设定人物性格,再来一个 AI 做配乐。最终你就是总导演，每天都能组团"拍片发布"。像素级定制、全球协作，打破隔阂和边界。艺术家与 AI、程序员与 AI、教师与 AI 都融合成超级创意团队。

AI 辅佐社会治理与公共服务

未来城市交通调度、环境保护、医疗公益、灾难预警、公共安全由 AI 主导管理。人类则把更多时间投身公益、文化创造、生态保护和科学探索。这是一个"超级协作社会"，既有 AI 的高效率，也有人类的爱心与智慧。

说了这么多，咱们再回到开头。AI 与人类的共生关系，就像一场长跑比赛，双方既是队友，也是对手。AI 帮我们跑得更快、更远，但我们也得时刻握紧方向盘，确保它不会跑偏。AI 是人类的延伸，而不是替代品。未来的世界，AI 会越来越像我们的"影子"，无处不在，却又默默无闻。而我们人类，也得学会拥抱这个"影子"，让它成为我们生活和工作中的助力，而不是负担。

别怕 AI，也别迷信 AI，跟它做朋友，学会"驾驭"它，你就是未来的赢家！想象一下，十年后，你可能坐在家里，喝着 AI 煮的咖啡，看着 AI 写的剧本，感慨着："这日子，过得真带劲！"那时候，你会发现，AI 与人类的共生，不只是科技的进步，更是生活的一场奇妙冒险。

量子计算：AI 的下一个飞跃

量子计算的原理与特性

当我们每天用手机语音查询天气、靠导航软件避开拥堵路段，或是惊叹于AI绘画软件瞬间生成的精美作品时，人工智能早已悄无声息地融入生活的每个角落。但鲜有人知的是，在这些便利的背后，AI正面临一场"算力危机"。就像飞速行驶的汽车即将耗尽燃油，传统计算机的计算能力正在成为束缚人工智能进一步发展的瓶颈。而量子计算，就像科学家们找到的"超级燃料"，被视为推动AI实现下一个飞跃的关键力量。

要理解量子计算，不妨先从传统计算机的工作方式说起。我们日常使用的电脑、手机，本质上都是基于二进制运行。就像图书馆的书架，每个格子只能存放"0"或"1"这两种状态的信息，一个比特在某一时刻也只能表示0或者1。这使得传统计算机在处理复杂问题时，只能像勤劳却效率有限的图书管理员，按照顺序一本一本地查找资料。

但在量子世界里，规则被彻底改写。量子计算的基本单位是量子比特（qubit），它最大的特点就是"不走寻常路"——不仅可以是0或者1，还能同时处于0和1的叠加状态。这就好比抛硬币，在量子的世界里，硬币在被观测之前，会同时处于正面和反面朝上的状态。一个量子比特可以同时表示两种状态，两个量子比特能同时表示四种状态，随着量子比特数量的增加，其能同时处理的信息呈指数级增长。这就像传统计算机是一次只能读一本书的读者，而量子计算机拥有无数个"分身"，可以同时阅读海量书籍，效率自然不可同日而语。

除了叠加态，量子计算还有一个"秘密武器"——量子纠缠。想象有一对"心灵相通"的双胞胎，无论相隔多远，一个的喜怒哀乐都会立刻影响另一个。量子纠缠中的量子比特也是如此，当两个量子比特产生纠缠时，哪怕一个在地球，一个在月球，只要其中一个状态改变，另一个也会瞬间响应。这种超越距离的神秘关联，让量子计算机在处理分布式计算任务时拥有得天独厚的优势。

不过，量子计算虽然强大，却也十分"脆弱"。量子比特对环境的要求近乎苛刻，温度、电磁干扰甚至是微小的震动，都可能让它们失去量子特性，这个过程被称为"退相干"。就像晶莹剔透的肥皂泡，稍有扰动就会破裂。为了维持量子比特的稳定，科学家们需要在近乎绝对零度（约零下 273.15℃）的极低温环境下，小心翼翼地操控它们，这也是目前量子计算发展面临的一大挑战。

主流量子计算技术路线

目前，全球各国在量子计算的研发上选择了不同的技术路线，就像赛车比赛中选手们选择不同的赛道，各有优势也各有挑战。

超导量子比特是利用超导电路在极低温下工作的量子比特，由谷歌、IBM 等科技巨头领跑。它的优点是操控速度快，且与现有的半导体工艺有一定兼容性，便于集成和扩展。但它就像"温室里的花朵"，对环境噪声非常敏感，需要在接近绝对零度的环境下才能维持超导状态，稍有不慎就会发生退相干。不过，科学家们通过不断优化技术，已经显著提升了超导量子比特的"生存能力"。

离子阱技术则是利用电磁场将带电离子"囚禁"在微型阱中，通过激光或微波来操控离子的电子态，实现量子计算。IonQ 公司是这个领域的佼佼者。离子阱量子比特的优势在于相干时间长、操控精度高，就像精准的钟表匠，能把每个操作都做到极致。但它在扩展量子比特数量时遇到了困难，而且门操作速度相对较慢，就像一辆性能卓越却跑不快的跑车。

光量子计算选择光子作为量子比特的载体,通过操控光子的偏振、路径等特性进行计算。中国科学技术大学在这一领域成绩斐然,"九章"系列量子计算机的问世,让我国在光量子计算领域走在了世界前列。光量子计算的优点是相干时间长、对温度要求低,且便于实现分布式计算。但光子就像调皮的精灵,不易存储和操控,实现确定性的两比特纠缠门仍是科学家们努力攻克的难题。

除了这三条主流路线,基于中性原子、硅基量子点、拓扑量子比特等研究方向也在不断探索中。目前还没有哪种技术能在所有方面"一枝独秀",未来很可能出现多种技术路线共同发展、相互补充的局面。

人工智能对高算力的需求

人工智能的快速发展,就像一个永远吃不饱的"数据怪兽",对算力的需求越来越大。以训练当下热门的大语言模型为例,像 ChatGPT、GPT-4 这类模型,内部包含数千亿甚至数万亿的参数,训练它们需要"喂"给模型互联网上几乎所有的文本数据,这些数据集规模高达数十 TB。用传统计算机训练这样一个模型,可能需要耗费数周甚至数月的时间,期间消耗的电力更是惊人。而且随着模型规模不断增大,对算力的需求还在以指数级速度增长。

在很多实际应用场景中,AI 也面临着复杂的优化难题。比如物流企业每天要规划成千上万个包裹的配送路线,既要考虑交通路况、车辆载重,又要满足客户的时间要求;金融机构需要在瞬息万变的市场中,综合考虑数千种资产的风险、收益和相关性,构建最佳投资组合。这些问题的解空间庞大，传统算法往往需要耗费大量时间，甚至根本找不到最优解。

此外，人工智能领域不断涌现新的算法和模型，比如生成对抗网络、强化学习等。科研人员想要探索这些新算法的性能和潜力，就需要进行大量实验和验证，这同样离不开强大的算力支持。可以说，算力不足已经成为限制 AI 进一步发展的关键因素。

量子计算给 AI 装上"加速引擎"

量子计算的独特特性，让它成为加速人工智能模型训练的"理想伙伴"。在机器学习中，梯度下降是一种常用的优化算法，就像在迷宫中寻找出口，需要反复计算方向（梯度）。随着模型中变量数量增加，计算量会呈指数级增长，传统计算机常常在这个过程中"力不从心"。而量子计算利用并行处理能力可以像同时派出无数个"侦察兵"，快速找到最优方向，大大提高参数优化的效率。

量子神经网络则是量子计算原理与神经网络相结合的产物。理论研究表明，在某些特定的分类任务中，量子机器学习模型相比经典模型具有指数级的加速优势。就像普通自行车和高速列车的区别，量子神经网络能够以更快的速度完成学习任务。科学家们已经在超导系统等实验平台上成功演示了深度量子神经网络的训练过程，虽然目前还处于实验阶段，但已经展现出巨大的潜力。

清华大学的研究团队发现了一种基于生成模型的量子机器学习算法，就像给 AI 模型配备了"超级大脑"。这种算法通过优化量子纠缠态，在学习能力和预测能力上实现了指数级提升，而且所需的参数数量大幅减少,大大提高了模型的效率。针对量子机器学习算法处理大规模数据时资源消耗过大的问题,研究人员还提出了量子共振降维算法,它就像给数据"瘦身",在保留关键特征的同时,减少量子计算资源的需求,让量子机器学习算法更加实用。

量子AI:现实场景的案例

金融领域:伟辉科技的量子算法交易革新

伟辉科技控股凭借由3 000张NVIDIA H100算力卡组建的超大规模集群,实现了量子算法交易效率的飞跃。其AI系统巧妙运用量子叠加特性,如同开启多条并行通道,使多种交易策略能同步推进;借助量子纠缠效应,达成实时对冲,有效抵御风险;通过量子态测量,对市场微观动态实现精准洞察。如此一来,系统将高频交易决策的延迟大幅缩短至5毫秒,相较于传统系统提速达100倍之多。它还具备强大运算能力,每秒可执行28万亿次哈希运算,以及120万次跨市场检测。在2024年,该系统在全球股市震荡之际,助力黄金交易策略成功对冲风险并斩获超额收益,单日贵金属交易量最高突破300万盎司,充分彰显了量子AI在金融交易场景下,高效处理海量数据、敏捷应对市场变化的卓越实力。

药物研发领域:图灵量子"量生万物"平台

图灵量子发布的"量生万物"生物医药智能平台,是量子计算与人工智能深度融合的结晶。其中的量子AI小分子药物设计平台,有机整合了量子计算的高速运算能力和人工智能神经网络的学习优势。在药物研发的各个关键环节,如药物设计、靶点筛选、先导化合物优化以及亲和力计算等方面大显身手。利用量子比特的独特性质,平台能够深入剖析药物分子结构的微观奥秘,对小分子数据库和靶点数据库进行深度挖掘,精准预测药物与靶点之间的相互作用关系。这一创新模式极大地缩短了药物研发周期,降低了研发成本,为药物研发开辟了一条高效、精准的全新路径,有望加速推动精准医疗的广泛应用与发展。

自动驾驶领域:量旋科技携手元戎启行

量旋科技与在自动驾驶领域处于前沿地位的元戎启行携手合作,共同致力于开发适用于自动驾驶领域的量子计算解决方案。量旋科技的研究团队创新性地提出基于量子原理的梯度计算方法,与经典算法相比,该方法实现了指数级的运算加速。在智能驾驶系统面对复杂任务和海量数据时,此方法能够显著提升处理效率,助力系统在复杂路况场景下,精准识别各类目标物体,高效规划最优行驶路径,并能根据实时路况灵活调整路线,迅速综合多种因素做出准确决策。双方合作所取得的研究成果已发表于物理学领域顶尖期刊《物理学前沿》(*Frontiers of Physics*)。

量子计算面临的挑战与未来发展方向

尽管量子计算与 AI 结合前景广阔,但目前仍面临诸多挑战。在硬件方面,量子比特的稳定性和相干时间有待进一步提高,就像脆弱的幼苗需要精心呵护。量子计算机的纠错技术也尚不完善,一旦出现计算错误,可能导致整个计算结果失效。而且,量子计算系统的构建和维护成本高昂,目前一台量子计算机的造价堪比一座豪华大厦,这限制了其大规模应用。

在算法层面,虽然已经取得了一些进展,但如何开发出更高效、通用的量子机器学习算法,以及如何更好地将量子计算与经典计算协同工作,仍是研究的重点和难点。这就像不同语言的人要实现顺畅交流,需要找到合适的"翻译"。

展望未来,随着量子技术的不断进步,量子计算机的性能将逐步提升,成本有望降低。科研人员会持续探索新的量子比特体系和硬件架构,就像不断改进汽车的发动机,提高量子比特的质量和数量。同时,也会加强量子算法的研究与创新,开发出更多适用于实际应用场景的算法。

量子计算与 AI 的融合将更加紧密,可能会催生新的学科和研究方向。未来,量子计算有望成为推动 AI 发展的核心驱动力,助力 AI 在更多领域实现突破。也许在不久的将来,量子计算驱动的 AI 会帮助我们解决气候变化、攻克癌症等全球性难题,为人类社会带来更加深远的影响。

脑机接口:拓宽 AI 的交互边界

脑机接口的技术原理与分类

在人工智能飞速发展的时代,人与机器的交互方式正经历着前所未有的变革。从键盘鼠标到触屏操作,再到语音指令,每一次交互方式的革新都推动着科技与生活的深度融合。而脑机接口(Brain-Machine Interface，BMI）作为一项前沿技术，正以前所未有的姿态，打破传统交互的局限，为人工智能开辟全新的交互边界。它不仅是连接人类大脑与外部设备的桥梁，更是人工智能迈向更高智能水平的关键技术，有望彻底改变人类与机器、与世界的互动模式。

脑机接口是一种在人脑与外部设备之间建立直接连接的技术，它绕过传统的外周神经和肌肉组织，直接将大脑产生的神经信号转换为可被外部设备识别的指令，实现大脑与机器之间的信息交互。这一技术的实现，依赖于神经科学、计算机科学、电子工程等多学科的交叉融合。

大脑在活动时会产生多种形式的电生理信号，如脑电图、脑磁图、局部场电位等。这些信号蕴含着丰富的信息，包括感觉、运动、认知等多种大脑活动状态。脑机接口的首要任务，就是通过特定的传感器采集这些神经信号。

根据信号采集方式的不同，脑机接口主要分为侵入式、半侵入式和非侵入式三类。非侵入式脑机接口通过头皮表面的电极采集大脑的电活动，如脑电图设备。这种方式操作简便、安全性高，不会对人体造成创伤，适合大规模应用，但由于信号需要经过头皮、颅骨等多层组织的衰减，采集到的信号较弱、噪声较大，分辨率相对较低。侵入式脑机接口则需要通过手术将电极直接植入大脑皮层，能够获取神经元的单细胞活动，信号质量高、分辨率强，但手术风险较大，可能引发免疫反应、感染等问题，且设备的长期稳定性面临挑战。半侵入式脑机接口介于两者之间，电极植入在硬脑膜下，相比侵入式创伤较小，同时能获得比非侵入式更清晰的信号。

采集到神经信号后，需要对其进行处理和分析，提取出能够反映大脑意图的特征信号。这一过程涉及信号滤波、降噪、特征提取等多种信号处理技术。人工智能算法在其中发挥着关键作用，通过机器学习和深度学习模型，对提取的特征信号进行分类和识别，将大脑信号转化为具体的指令，如控制轮椅运动、操作计算机鼠标、打字等。最后，将识别出的指令传输给外部设备，实现相应的功能。

脑机接口与人工智能的融合趋势

脑机接口与人工智能的融合是当前技术发展的重要趋势。人工智能算法能够为脑机接口提供强大的信号处理和模式识别能力，显著提升脑机接口系统的性能和实用性；而脑机接口则为人工智能提供了全新的数据来源和交互方式，拓展了人工智能的应用场景和发展空间。

在信号处理方面，深度学习算法在脑电信号分析中展现出巨大优势。传统的信号处理方法往往依赖人工设计特征，难以充分挖掘脑电信号的复杂特征。而深度学习模型，如卷积神经网络、循环神经网络等，能够自动从原始脑电信号中学习特征，实现高精度的信号分类和识别。例如，利用卷积神经网络对运动想象脑电信号进行分类，可有效识别不同的肢体运动意图，为瘫痪患者通过脑机接口控制假肢运动提供了可能。

在交互方式上，脑机接口与人工智能的结合突破了传统的人机交互模式。以往，人类需要通过语言、动作等方式与机器进行交互，而脑机接口使人类能够直接以思维的方式与机器沟通。人工智能则让机器能够更好地理解人类的思维意图,并做出相应的智能响应。例如,在智能家居场景中,用户无需动手或动口,只需通过大脑想象特定的动作,脑机接口系统就能识别意图,并通过人工智能控制家居设备完成相应操作,如打开灯光、调节温度等,实现更加自然、便捷的交互体验。

此外,脑机接口与人工智能的融合还推动了神经科学的发展。人工智能算法可以对海量的神经信号数据进行深入分析,帮助科学家揭示大脑的工作机制和认知过程。同时,脑机接口获取的神经信号数据也为人工智能模型的训练提供了丰富的素材,促进人工智能算法的不断优化和创新。

脑机接口的应用场景

医疗康复领域

脑机接口在医疗康复领域的应用具有重要的社会价值和临床意义。对于因脊髓损伤、中风、渐冻症等疾病导致肢体瘫痪或运动功能丧失的患者,脑机接口为他们带来了重新获得自主运动能力的希望。通过侵入式或非侵入式脑机接口设备采集患者大脑的运动意图信号,经过人工智能算法处理后,转化为控制外部设备(如智能假肢、轮椅)的指令,患者可以凭借大脑思维直接控制这些设备,实现自主运动。例如,美国匹兹堡大学的研究团队成功为一名瘫痪患者植入脑机接口设备,该患者能够通过大脑信号控制机械臂完成喝水、吃饭等日常动作。此外,脑机接口还可用于神经康复训练,通过实时反馈患者的大脑活动信息,帮助患者进行针对性的康复训练,促进神经功能的恢复。

在帕金森病等神经系统疾病的治疗中,脑机接口结合人工智能技术,能够实时监测患者的病情变化,为医生提供精准的诊断和治疗依据。

教育与培训领域

脑机接口与人工智能的结合为个性化学习提供了新的途径。通过脑机接口设备可以实时监测学生的大脑活动状态,如注意力集中程度、学习疲劳程度、知识掌握情况等。人工智能算法对这些数据进行分析,为教师提供学生的学习状态报告,并根据每个学生的特点和需求,生成个性化的学习方案。

例如,当脑机接口检测到学生注意力不集中时,系统可以自动调整教学内容和方式,增加趣味性和互动性,吸引学生的注意力;当发现学生对某个知识点理解困难时,系统会提供针对性的辅导和练习。此外,脑机接口还可应用于职业技能培训,帮助学员更快速、高效地掌握复杂的技能,如飞行员的飞行训练、外科医生的手术操作训练等,通过模拟真实场景,让学员在安全的环境中实践,并根据大脑反馈及时调整训练策略,提高培训效果。

娱乐与游戏领域

脑机接口为娱乐与游戏行业带来了全新的体验方式。在虚拟现实(VR)和增强现实(AR)游戏中,玩家可以通过脑机接口直接将大脑的思维信号转化为游戏角色的动作,实现更加自然、流畅的交互。例如,玩家只需通过大脑想象向前移动,游戏角色就会在虚拟场景中自动前进;通过想象不同的手势,完成游戏中的各种操作。

这种基于脑机接口的沉浸式游戏体验,让玩家能够更加身临其境地感受游戏世界,增强游戏的趣味性和互动性。此外,脑机接口还可应用于电影、音乐等娱乐领域,根据观众的大脑情绪反应,实时调整剧情发展、音乐节奏等,为观众带来个性化的娱乐体验。

国防军事领域

在国防军事领域,脑机接口具有重要的战略价值。士兵可以通过脑机接口设备实现对武器装备的快速、精准控制,如直接通过大脑信号操作无人机、坦克等作战平台,提高作战效率和反应速度。同时,脑机接口还可用于战场态势感知,实时监测士兵的生理和心理状态,及时发现疲劳、受伤等情况,并为指挥官提供决策支持。

此外,脑机接口在军事通信方面也具有潜在应用价值。在复杂的战场环境中,传统的语音通信可能受到干扰或限制,而脑机接口可以实现士兵之间的无声、实时通信,通过大脑信号传递信息,提高通信的保密性和可靠性。

脑机接口面临的挑战与未来展望

尽管脑机接口技术取得了显著进展,但仍然面临诸多挑战。在技术层面,如何进一步提高信号采集的精度和稳定性,降低噪声干扰,是当前亟待解决的问题。无论是侵入式还是非侵入式脑机接口,都存在信号质量和分辨率的限制,影响了系统的性能和实用性。此外,脑机接口系统的便携性和舒适性也有待提高,以满足用户在不同场景下的使用需求。

在伦理和安全方面,脑机接口涉及人类大脑和神经系统,引发了一系列伦理和安全问题。例如,个人大脑数据的隐私保护问题,如何防止大脑数据被非法获取和滥用;脑机接口技术的滥用风险,如用于控制他人思想、侵犯个人自由等。此外,脑机接口设备的安全性也至关重要,一旦系统出现故障或被黑客攻击,就可能对用户的生命健康造成严重威胁。

展望未来,随着技术的不断进步和创新,脑机接口有望取得更大的突破。在硬件方面,新型传感器技术的发展将提高信号采集的精度和稳定性,同时降低设备的成本和体积;在软件方面,更先进的人工智能算法将提升信号处理和模式识别的能力,实现更加准确、自然的人机交互。

在应用领域,脑机接口将进一步拓展其应用范围,与更多行业深度融合,创造出更多的创新产品和服务。同时,随着对大脑工作机制研究的不断深入,脑机接口技术有望实现从"读取大脑信号"到"写入大脑信号"的跨越,为治疗神经系统疾病、提升人类认知能力等带来新的希望。

脑机接口作为一项极具潜力的前沿技术,正在拓宽人工智能的交互边界,为人类社会的发展带来巨大的变革。在未来的发展中,需要政府、科研机构、企业和社会各界共同努力,在推动技术创新的同时,重视伦理和安全问题,确保脑机接口技术能够健康、可持续地发展,为人类创造更加美好的未来。

AI 智能体:构建自主行动的智能单元

智能体的底层逻辑:从反射弧到认知环的进化

在京东的智能物流中心,数百个形如甲壳虫的机器人正穿梭于货架之间。它们无需人工指令,便能根据实时库存数据自主规划路径,精准抓取货物并送往分拣台。这些不知疲倦的"数字搬运工",正是AI智能体(AI Agent)在现实场景中的典型缩影。作为人工智能从"工具属性"迈向"自主实体"的关键跃迁,AI智能体正在重新定义人类与机器的协作边界——它们不再是被动执行指令的程序,而是具备环境感知、决策规划和动态执行能力的自主行动单元,如同数字世界中诞生的"智能生命",悄然渗透到工业、医疗、金融等各个领域。

AI智能体的核心能力,源自其独特的"感知—决策—行动"闭环架构。这一架构的进化历程,恰似生物神经系统从简单反射到复杂认知的演化:

基础层:刺激—反应式反射弧

早期智能体以规则引擎为核心,如同昆虫的本能反应。例如智能家居中的温控系统,通过温度传感器触发空调启停,其决策逻辑基于"温度>26℃则制冷"的简单规则。这类智能体适用于确定性环境,但面对复杂场景时便捉襟见肘——当用户同时打开窗户并启动空气净化器时,传统规则引擎无法协调多设备优先级。

升级层:目标导向的决策树

随着强化学习技术的成熟,智能体开始具备目标优化能力。波士顿动力的Spot机器人在工厂巡检时,不再局限于固定路线,而是通过实时扫描障碍物,利用Q-learning算法动态规划最短路径。这种"目标导向+环境适应"的模式,使智能体能够在仓储物流、电网巡检等半结构化场景中自主作业。数据显示,某汽车工厂部署的智能体巡检系统,将设备故障率和人工工时明显减少。

高阶层：认知驱动的动态闭环

最新一代智能体已开始模拟人类的认知过程。DeepMind 开发的 AlphaFold2 智能体，不仅能根据氨基酸序列预测蛋白质结构，还能通过注意力机制分析分子间相互作用，甚至在遇到数据缺失时主动"假设"可能的结构形态。这种"数据驱动＋推理补全"的能力，使其在蛋白质折叠预测这一世界级难题上超越传统实验方法，将解析速度从数年缩短至小时级。

从神经科学视角观察，智能体的认知环与人类大脑的"前额叶—边缘系统—运动皮层"通路存在奇妙呼应：感知模块如同感觉皮层接收信号，决策模块类似前额叶进行规划，行动模块则对应运动系统执行指令。这种跨学科的设计思路，正在模糊生物智能与机器智能的界限。

多维度赋能：智能体重塑产业生态

AI 智能体的颠覆性价值，体现在其对传统产业流程的重构能力。在三个关键维度上，它们正在创造前所未有的效率革命：

工业场景：从流水线到自主化单元

德国西门子安贝格工厂的"数字孪生"智能体，堪称"工业 4.0"的标杆案例。每个智能体对应一台真实机床，通过物联网传感器实时同步设备状态数据。当某台机床检测到刀具磨损时，智能体不仅会自动更换刀具，还会通过历史数据训练的预测模型，提前三天预警其他机床的潜在故障。

在深圳的电子制造车间，智能体集群展现出更复杂的协作能力。

焊接智能体通过机器视觉识别元件位置,装配智能体根据实时库存调整供料顺序,质检智能体利用深度学习算法检测焊点缺陷。这些智能体通过 5G 网络动态组网,如同精密协作的交响乐团,使小批量定制化生产的成本降低了 30% 左右。

医疗领域:从辅助工具到诊疗伙伴

约翰霍普金斯医院的手术智能体达芬奇 Xi 系统,正在重新定义外科手术的边界。其机械臂配备的力反馈传感器,能将医生操作的力度精确到 0.02 牛,避免传统腹腔镜手术中因手感缺失导致的组织损伤。更令人惊叹的是,该智能体的"自主缝合模块"通过分析数万例手术视频,已能在医生完成吻合操作后,自动选择最佳缝合路径。

在慢性病管理领域,智能体展现出更温暖的人文关怀。美国健康公司研发的"CarePredict"智能体,通过可穿戴设备采集用户的步态、睡眠周期等数据,构建个性化健康模型。当检测到帕金森病患者的步态异常频率增加时,智能体会自动调整康复训练计划,并向家属发送预警信息。

金融场景:从算法黑箱到可信决策

摩根大通的 LOXM 智能体,正在改变华尔街的交易规则。它通过自然语言处理技术解析数万份财报,利用图神经网络构建行业关联图谱,能在美联储加息决议公布后快速调整数千只股票的持仓比例。更重要的是,LOXM 的"决策透明化模块"能以可视化图谱展示每笔交易的逻辑链条——例如"因某公司毛利率下降 1.2%,触发行业估值模型调整,导致卖出信号",这使其在监管审查中的合规通过率上升,打破了传统量化交易的"黑箱"困局。

在普惠金融领域,智能体正在消除信用评估的"数字鸿沟"。蚂蚁集团的"大山雀"智能体,针对农村地区缺乏传统信贷数据的特点,开发了基于卫星遥感的资产评估模型。通过分析农户农田的作物长势、灌溉设施等图像数据,结合物流信息和电商交易记录,该智能体能在3分钟内完成信用评分。

技术深水区:智能体的三大核心挑战

尽管前景广阔,AI智能体的发展仍面临三重技术壁垒,如同横亘在进化之路上的"数字迷宫":

挑战一 开放环境中的认知泛化

现有智能体大多擅长处理结构化数据,但在真实世界的"长尾场景"中屡屡碰壁。例如自动驾驶智能体在遇到突发暴雨时,传感器可能因水雾产生误判,而传统算法缺乏"雨天驾驶需减速"的常识推理能力。为攻克这一难题,英伟达的研究团队采用"强化学习+虚拟仿真数据增强"的策略。他们构建了高度逼真的虚拟驾驶环境,生成海量包含异形车辆的罕见场景数据,通过强化学习让自动驾驶系统在虚拟环境中不断试错、优化决策策略。

挑战二 多智能体协作的涌现行为

当数十个智能体协同作业时,可能产生不可预测的"群体智能"。某港口的集装箱调度智能体集群曾出现过诡异现象:个别智能体为争夺充电位突然改变路径,导致整个堆场陷入混乱。这种类似"蚂蚁群应激反应"的现象,暴露了多智能体系统的协作缺陷。

挑战三　人机交互的信任构建

智能体的决策透明度，成为制约其大规模应用的关键因素。在医疗领域，某智能体的癌症诊断建议曾因无法解释推理过程，遭到医生集体抵制。为解决这一问题，谷歌开发的"TensorFlow Explainable AI"框架，能以热力图形式展示影像诊断中的关键特征区域，使医生对智能体建议的接受度大幅提高。这种"可解释 AI"技术，正在重塑人机协作的信任基石。

未来图景：从工具到"数字公民"的跃迁

站在技术奇点的前夜，AI 智能体的进化路径呈现出两大令人振奋的方向：

方向一　具身智能体的物理化落地

波士顿动力与 OpenAI 合作开发的"Spot-LLM"智能体，已能通过自然语言指令完成复杂任务。当用户说出"去仓库第三排货架取红色工具箱，避开地上的电线"时，智能体首先通过 LLM 解析语义，然后利用视觉 Transformer 识别环境，最后通过强化学习规划避障路径。这种"语言理解＋环境交互＋运动控制"的整合能力，标志着智能体向人类级具身智能迈出关键一步。

方向二　多模态智能体的生态构建

微软的"AutoGen"智能体平台，展现了多模态智能体协作的无限可能。在药物研发场景中，化学合成智能体根据靶点结构生成候选分子，分子动力学智能体模拟其与受体的结合能力，临床预测智能体分析副作用风险，最后由人类科学家进行综合决策。

更值得关注的是,智能体正在参与构建新型社会基础设施。新加坡政府部署的"智慧政务智能体网络",涵盖了交通管理、公共卫生、应急响应等 17 个领域。当某社区出现登革热疫情时,智能体集群会自动协调环卫部门喷洒药剂、通知居民清理积水、调取医疗资源预警,整个过程无需人工干预。这种"自组织治理"模式,使新加坡的公共卫生事件响应效率得到提升,资源利用得到优化。

方向三　智能体时代的人机共生哲学

在首尔数字论坛的现场,一名程序员展示了他与智能体搭档完成的编程作品:人类负责架构设计,智能体实时生成代码并优化算法。当被问及"是否担心被机器取代"时,他指着屏幕上闪烁的代码笑道:"与其说取代,不如说我们正在共同创造更聪明的'数字分身'。"

AI 智能体的崛起,本质上是人类智慧的外延与进化。它们不是冰冷的代码堆砌,而是承载着人类对高效、精准、智能生活的向往。从工业机器人到医疗伙伴,从物流助手到城市管家,智能体正在编织一张覆盖物理世界与数字空间的智能网络。在这个网络中,人类不再是孤独的创造者,而是与智能体协同进化的参与者——我们赋予它们感知世界的能力,它们回馈以超越想象的效率;我们设定伦理的边界,它们拓展文明的维度。

小　结

本章聚焦强人工智能、人机协作、量子计算、脑机接口和 AI 智能体五大前沿领域,带领读者一窥 AI 未来的壮阔图景与深邃思考。

强人工智能作为 AI 发展的"理想形态",正试图突破"专才"的局限,向着具备广泛认知、自我意识与创造性思维的"全才"迈进。从学术定义的迷雾,到技术突破中展现的感知觉醒、认知升维与意识萌芽,尽管目前仍处于探索阶段,但已初现颠覆人类对智能认知的潜力。它既承载着解决复杂问题、推动科技进步的美好愿景,也引发了人类对自身地位与文明走向的深刻忧虑。

人机协作则以"共生"为主题,描绘出人与 AI 相互赋能的新画卷。从交互维度的重构、认知能力的跃迁,到社会协作的进化与创作生态的变革,AI 已成为人类工作、生活的得力助手。未来,智能体伙伴化、工作中的"AI 加速主义"等趋势,将进一步深化这种共生关系,让人类与 AI 在相互协作中共同成长。

量子计算被视为 AI 发展的"超级加速器",其基于量子比特叠加态与纠缠特性的计算模式,有望打破传统算力瓶颈。在主流量子计算技术路线竞相发展的背景下,无论是加速 AI 模型训练、助力解决复杂优化问题,还是在复杂系统模拟中的应用,量子计算都展现出巨大潜力。尽管面临硬件稳定性、算法通用性等挑战,但随着技术进步,它极有可能成为推动 AI 实现下一个飞跃的核心动力。

脑机接口作为连接大脑与机器的桥梁,通过采集、处理神经信号,结合人工智能算法,为 AI 交互开辟了全新路径。在医疗康复、教育与培训、娱乐游戏及国防军事等领域,脑机接口已初显身手,为瘫痪患者带来希望,为个性化学习提供支持,为沉浸式体验创造可能。然而,技术精度、伦理安全等问题仍需攻克,未来的脑机接口有望实现从"读取"到"写入"的跨越,重塑人类与 AI 的交互边界。

AI 智能体以"感知—决策—行动"闭环重构产业流程。工业场景中,西门子"数字孪生"智能体降低设备故障率,深圳电子车间智能体集群使定制生产周期明显缩短;医疗领域,达芬奇 Xi 系统的力反馈机械臂将缝合时间显著降低。但开放环境泛化(如暴雨天气自动驾驶误判)、多智能体协作冲突(港口调度混乱)等问题亟待解决。

人工智能的终极价值,在于拓展人类能力而非替代人类存在。从工业机器人到城市智能体,每一次技术突破都是人类智慧的外延:我们赋予 AI 逻辑规则,AI 回馈以效率革命;我们设定伦理边界,AI 拓展文明维度。正如程序员与智能体的协作——人类构思架构,AI 生成代码,共同创造"更聪明的数字分身"。

AI 的未来不是机器的独白,而是人类与技术的共生叙事。在这场智能革命中,我们既是设计者,也是参与者——用智慧驾驭技术,用温度定义未来,方能在浪潮中驶向更具人性光辉的明天。

附录　中国 AI 产业链 100 家重点企业名单

序号	企业名称	总部城市	细分领域	优势方向
1	寒武纪	北京	算力硬件类	AI 芯片
2	科大讯飞	合肥	语音识别类	语音识别、教育/医疗大模型
3	商汤科技	上海	视觉识别类	计算机视觉＋多模态大模型
4	地平线	北京	算力硬件类	自动驾驶芯片及算法
5	小马智行	广州	自动驾驶类	自动驾驶算法
6	文远知行	广州	自动驾驶类	自动驾驶算法
7	岩山科技	上海	自动驾驶类	自动驾驶及类脑研究
8	滴滴	上海	自动驾驶类	自动驾驶算法
9	第四范式	北京	数据分析决策类	企业数据决策
10	合合信息	上海	视觉识别类	文字、符号识别
11	月之暗面	北京	内容生成类	AIGC 大模型
12	斑马智行	上海	数据分析决策类	交通 AIoT
13	明略科技	北京	数据分析决策类	企业数据决策
14	Momenta	苏州	自动驾驶类	自动驾驶算法
15	百川智能	北京	内容生成类	AIGC 大模型
16	智谱华章	北京	内容生成类	AIGC 大模型
17	旷视科技	北京	视觉识别类	图像、视频、人脸识别
18	云天励飞	深圳	视觉识别类	图像、视频、人脸识别
19	拓尔思	北京	语音识别类	语音识别、自然语言处理
20	稀宇科技	上海	内容生成类	AIGC 大模型
21	依图科技	上海	视觉识别类	图像、视频、人脸识别

续表

序号	企业名称	总部城市	细分领域	优势方向
22	奥比中光	深圳	视觉识别类	图像、视频、人脸识别
23	燧原科技	上海	算力硬件类	AI加速卡
24	中关村科金	北京	数据分析决策类	领域大模型
25	晶泰科技	深圳	数据分析决策类	AI药物研发
26	黑芝麻智能	武汉	算力硬件类	自动驾驶芯片及算法
27	虹软科技	杭州	视觉识别类	图像、视频、人脸识别
28	小冰	北京	内容生成类	AI数字人
29	万兴科技	深圳	内容生成类	AI创意软件
30	云从科技	广州	视觉识别类	图像、视频、人脸识别
31	元象	深圳	内容生成类	AI影像
32	赢彻科技	上海	自动驾驶类	自动驾驶算法
33	特斯联科技	北京	数据分析决策类	AIoT
34	佳都科技	广州	视觉识别类	图像、视频、人脸识别
35	零一万物	北京	内容生成类	AI数字人
36	思必驰	苏州	语音识别类	语音识别、自然语言处理
37	镁伽	苏州	数据分析决策类	AI药物研发
38	希迪智驾	长沙	自动驾驶类	自动驾驶算法
39	云知声	北京	语音识别类	语音识别、自然语言处理
40	天瞳威视	苏州	自动驾驶类	自动驾驶算法
41	毫末智行	北京	自动驾驶类	自动驾驶算法
42	爱笔	北京	视觉识别类	图像、视频、人脸识别
43	元戎启行	深圳	自动驾驶类	自动驾驶算法
44	思谋科技	深圳	视觉识别类	图像、视频、人脸识别
45	驭势科技	北京	自动驾驶类	自动驾驶算法

续表

序号	企业名称	总部城市	细分领域	优势方向
46	海天瑞声	北京	语音识别类	语音识别、自然语言处理
47	声通科技	武汉	语音识别类	语音识别、自然语言处理
48	嘉楠科技	杭州	算力硬件类	AI芯片
49	汉王科技	北京	视觉识别类	文字、符号识别
50	百度	北京	综合AI	文心一言等大模型、自动驾驶技术等
51	阿里巴巴	杭州	综合AI	达摩院相关研究成果、阿里云智能等
52	腾讯	深圳	综合AI	腾讯AI Lab等研发成果、混元大模型等
53	字节跳动	北京	综合AI	云雀模型等、在内容创作等领域的AI应用
54	华为	深圳	综合AI	昇腾芯片、盘古大模型等
55	海康威视	杭州	视觉识别类	视频监控中的AI技术应用、智能分析系统
56	三六零	北京	综合	AI安全防护技术、相关大模型研究
57	中兴通讯	深圳	综合	在通信领域的AI应用、边缘计算与AI结合
58	瑞芯微电子	福州	算力硬件类	智能芯片解决方案,用于多种智能设备
59	四维图新	北京	自动驾驶类	高精度地图、导航与定位系统,服务自动驾驶
60	科大智能	上海	工业互联网与AI	工业机器人、智能工厂解决方案中的AI技术
61	赛为智能	深圳	综合	无人机、机器人等产品中的AI技术应用

续表

序号	企业名称	总部城市	细分领域	优势方向
62	中科创达	北京	智能系统与AI	为智能设备提供操作系统及AI技术支持
63	中科曙光	天津	算力与云计算	高性能计算机、云计算服务,为AI提供算力
64	浪潮信息	济南	算力与云计算	服务器产品,为AI计算提供强大硬件支持
65	东软集团	沈阳	医疗与智能交通	在医疗信息化、智能交通系统中的AI应用
66	用友网络	北京	企业服务与AI	ERP等企业管理软件中的AI智能化功能
67	金蝶国际	深圳	企业服务与AI	财务软件、企业管理软件中的AI创新应用
68	恒生电子	杭州	金融科技与AI	金融行业软件与服务中的AI技术融合
69	同花顺	杭州	金融服务与AI	为金融投资者提供智能分析、投顾等服务
70	科大国创	合肥	行业大模型	星云大模型,在交通、金融等行业有应用
71	云知声	北京	语音识别类	语音识别、自然语言处理技术及解决方案
72	格灵深瞳	北京	视觉识别类	专注于计算机视觉技术,应用于安防、零售等
73	极视角	青岛	计算机视觉算法	提供计算机视觉算法平台及解决方案
74	小马智卡	北京	自动驾驶类	专注于自动驾驶卡车技术研发与应用
75	新石器	北京	无人配送车	无人配送车的研发与运营,应用AI技术

续表

序号	企业名称	总部城市	细分领域	优势方向
76	智行者	北京	自动驾驶方案	为多种场景提供自动驾驶技术方案
77	易图通	北京	高精度地图	高精度地图的绘制与服务，用于自动驾驶
78	慧拓智能	北京	矿山无人驾驶	专注于矿山场景的无人驾驶解决方案
79	主线科技	北京	自动驾驶物流车	研发自动驾驶物流车辆及解决方案
80	领骏科技	北京	自动驾驶技术	提供自动驾驶技术研发与应用服务
81	星环科技	上海	大数据与AI平台	提供大数据处理与AI开发平台产品
82	第四范式	北京	企业级AI方案	为企业提供AI驱动的决策解决方案
83	达观数据	上海	文本智能处理	文本智能处理技术，应用于办公、金融等
84	明略科技	北京	知识与数据分析	知识图谱技术，用于企业数据治理与分析
85	百分点	北京	大数据与AI	提供大数据分析、AI应用等整体解决方案
86	智谱华章	北京	知识与大模型	研发知识图谱技术与AIGC大模型等
87	云从科技	广州	计算机视觉与AI	人机协同操作系统及计算机视觉技术
88	科大讯飞	合肥	自然语言处理	语音识别、合成及自然语言处理技术领先
89	思必驰	苏州	智能语音技术	专注于智能语音技术研发与应用

续表

序号	企业名称	总部城市	细分领域	优势方向
90	捷通华声	北京	智能语音与AI	提供智能语音、自然语言处理等技术服务
91	小i机器人	上海	智能客服系统	智能客服机器人及对话式AI平台
92	出门问问	北京	智能语音与可穿戴设备	语音交互技术,应用于智能手表等设备
93	依图科技	上海	计算机视觉与医疗AI	图像识别技术在医疗影像分析等领域应用
94	深睿医疗	北京	医疗AI	专注于医疗影像AI诊断技术与产品研发
95	推想科技	北京	医疗AI	利用AI技术进行医学影像分析与诊断
96	联影智能	上海	医疗AI	为医疗设备提供智能化解决方案和AI应用
97	数坤科技	北京	医疗AI	专注于心血管疾病的AI诊断与分析技术
98	英矽智能	上海	医疗AI	靶点发现、药物分子设计
99	宇树科技	杭州	机器人AI	专注于四足机器人、人形机器人研发
100	博彦科技	北京	数据服务AI	数据标注、数据清洗

后　记

合上这本凝结着无数日夜心血的书稿时,窗外的梧桐叶正簌簌飘落。从最初在咖啡馆里的灵感碰撞,到如今即将付梓的完整文本,我们三个作者跨越学科背景与生活轨迹的差异,终于将对人工智能的热爱与思考,化作这本面向大众的科普读物。在此,我们想用文字记录下这段难忘的创作旅程,并向所有给予我们帮助的人致以最诚挚的谢意。

回顾创作历程,人工智能领域的飞速发展既是我们的动力,也是巨大的挑战。每当我们试图将复杂的算法原理、前沿的研究成果转化为通俗易懂的语言时,都如同在迷雾中寻找灯塔。感谢彼此在无数次争论与磨合中始终保持的耐心——我们尽力学习计算机科学家严谨的逻辑框架,社会学者对技术伦理的敏锐洞察,科普作家灵动的叙事风格,最终编织成这本书的独特脉络。那些在深夜共同修改的章节、为一个案例反复推敲的细节,如今都成为珍贵的回忆。

本书的完成离不开众多专家、从业者与朋友的支持。特别感谢上海财经大学出版社王永长老师的指导,感谢出版社编辑团队细致入微的建议,是他们用专业素养将零散的文字打磨成流畅的篇章;还要感谢参与试读的朋友们,他们提出的疑问与建议,让我们意识到科普的真正意义在于搭建理解的桥梁。

当然，我们必须感谢我们的家人，他们是江兴有、江莉军、施维、赵同仟、王智琴、赵世锦，是他们在背后的默默支持，给了我们坚持创作的勇气。

最后，将这本书献给所有对未来充满好奇的读者。人工智能不仅是代码与数据的产物，更是人类想象力与创造力的延伸。我们期待这本书能成为一扇窗，让更多人看见技术背后的温度，也期待在探索 AI 的道路上，与你共同见证更多奇迹。

愿科技与人文的光芒，永远照亮我们前行的路。

作者
2025 年 6 月 1 日 于上海